U0320714

Tasty Food
食在好吃

卤肉炖肉的
193种做法

杨桃美食编辑部 主编

江苏凤凰科学技术出版社

图书在版编目（CIP）数据

卤肉炖肉的 193 种做法 / 杨桃美食编辑部主编 . ——
南京 : 江苏凤凰科学技术出版社 , 2015.7（2019.9 重印）
（食在好吃系列）
ISBN 978-7-5537-4243-4

Ⅰ . ①卤… Ⅱ . ①杨… Ⅲ . ①荤菜 – 菜谱 Ⅳ .
① TS972.125

中国版本图书馆 CIP 数据核字 (2015) 第 049084 号

卤肉炖肉的193种做法

主　　　编	杨桃美食编辑部	
责 任 编 辑	张远文　　葛　昀	
责 任 监 制	方　晨	
出 版 发 行	江苏凤凰科学技术出版社	
出版社地址	南京市湖南路 1 号 A 楼，邮编：210009	
出版社网址	http://www.pspress.cn	
印　　　刷	天津旭丰源印刷有限公司	
开　　　本	718mm×1000mm　1/16	
印　　　张	10	
插　　　页	4	
版　　　次	2015 年 7 月第 1 版	
印　　　次	2019 年 9 月第 2 次印刷	
标 准 书 号	ISBN 978-7-5537-4243-4	
定　　　价	29.80 元	

肉类是餐桌上不可或缺的食品，它含有人体必需营养成分，对人体健康有益。肉类中蛋白质含量丰富，瘦肉比肥肉含的蛋白质多，且所含蛋白质均是优质蛋白质，还含有人体必需的氨基酸，种类全面、数量多，而且比例也恰到好处，很容易被人体消化吸收，有益于人体自身蛋白质的合成，对青少年的成长发育、老年人的健康长寿都有益处。

猪肉是肉类中最常见的，其肉质纤维较为细软，结缔组织较少，肌肉组织中含有较多的肌间脂肪，经过烹调加工后肉质滑嫩鲜美。猪肉含有丰富的蛋白质及脂肪、碳水化合物、钙、磷、铁等营养成分，能够补虚强身、滋阴润膜、丰肌泽肤，对病后体弱、产后血虚、面黄赢瘦者而言，猪肉是营养滋补佳品。

以卤炖方式烹饪出的猪肉美食，其营养价值较其他烹饪法要高。卤制肉品主要以辛香料卤炖而成，常见的辛香料有沙姜、草果、川芎、香叶、桂皮、丁香、孜然、花椒、陈皮、八角等，在长时间的卤炖下，它们能释放浓郁的鲜美香气，还具有开胃健脾、消食化滞的功效。卤肉、炖肉除了能满足人体对蛋白质及维生素等的需求外，还有开胃、增强食欲的作用。

卤炖肉类所需时间稍长，会大大降低肉中的脂肪含量。我们都知道，猪肉虽然含有丰富的蛋白质，但脂肪含量也很高。研究表明，猪肉经长时间炖煮之后，脂肪含量会减少30%~50%，胆固醇含量也会大大降低。让您安心落意地品尝滑而不腻、芳香四溢的卤肉，就算是体胖者，或是患有高血压、高脂血症的人，也可以适当食用，不用忍痛割爱了。

卤炖猪肉，不但能滋补养生，还具有突出于其他烹饪法的优势。比如，卤肉携带方便、易于保管。卤制猪肉时，因猪肉受热会使原料中的蛋白质发生变性，进而产生脱水现象，使所卤制的猪肉含水量较少，这样就延长了猪肉的存放期；卤肉没有汁水，携带方便，也是外出旅游时的首选食品。

本书先带您认识适合用来卤炖的猪肉各部位，让您在了解各部位肉质的基础上，做出芳香四溢的卤肉；再以分步详解的形式介绍卤肉前的准备工作，从猪蹄拔毛、猪肉切块、肉块氽烫、腌制去腥，到卤制前的油炸等，让您在制作卤肉、炖肉之前了解所有准备工序。

　　卤炖之前还有个重要的步骤，就是调料的选择以及卤包的制作。本书详细介绍常用的几种卤肉调料，以及卤包的制作过程，可让您根据个人口味要求，灵活选择适合的卤肉调料，并酌量添加。

　　本书还从肉质的选择、剁肉的方法、其他食材的加入、火候的掌握等方面，教您多种让肉质软烂美味的秘诀，有了它们，从您手中卤炖出来的肉就不会逊色于大厨的手艺。对于一次吃不完的卤制食品，本书会教您如何将卤肉与卤汁分开保存，且不影响其原有的美味。

　　拥有了这样一本教您怎样卤肉、炖肉的菜谱书，想要在家做出色香味俱全的卤肉食品，不再是一件困难的事。

Contents | 目录

引言：怎么做卤肉最好吃

PART 1
中式经典卤肉

PART 2
人气卤肉饭

PART 3
异国风味美食

PART 4
快速电锅卤肉

PART 5
经典卤汁菜

单位换算

固体类 / 油脂类
1茶匙 = 5克
1大匙 = 15克
1小匙 = 5克

液体类
1茶匙 = 5毫升
1大匙 = 15毫升
1小匙 = 5毫升
1杯 = 240毫升

引言:
怎么做卤肉最好吃

　　从古至今，卤肉一直都是受人喜爱的美食之一，一锅卤肉，就能让全家人大快朵颐，这就是卤肉的魔力。

　　不过卤肉要卤得好吃入味，还要有一定的秘诀。怎么选肉？怎么切肉？为什么要汆烫？怎么去腥？香料有什么作用？加可乐的目的是什么？如何掌握卤制的火候和时间？这些都与卤肉的味道息息相关。

　　通过本书，可以了解各种卤肉的做法，以及卤肉制作的美味秘方和手艺，让您做出比店家出售的还好吃的卤肉饭。本书也收录了怎样用电饭锅做卤肉的办法。

　　卤肉、卤汁还可以被用于其他食物的烹饪。例如，卤蛋、炒青菜、煮面等。

　　本书还会告诉您，一次煮不完的肉要怎么保存和加热，保证让您一学就会，餐餐都能胃口大开、回味无穷。

认识卤肉的部位

五花肉

又称三层肉，是猪的腹胁肉，肥瘦比例约为2:3。正因为其肥瘦适中，所以适合以炖煮等花费较长时间的方式烹饪。熬煮后油脂融在汤汁中，正好被瘦肉部分吸收，呈现出恰到好处的不油不涩的口感。

梅花肉

梅花肉是猪的上肩肉，俗称前尖，是猪肉中最嫩、油脂分布较均匀的部位，加上完全没有筋，所以口感极佳。可以煎、煮、炒、炸、红烧、清蒸或碳烤等方式烹饪，味道可口。

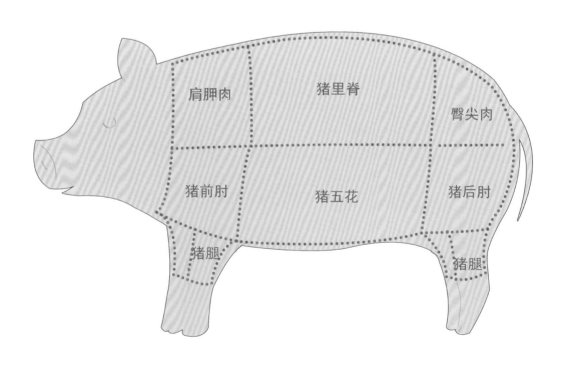

腱子肉

腱子肉多为块状，是将猪小腿去骨后所得的肉块。肉中有许多连接组织，因此极适合炖煮或长时间卤制，口感筋道又多汁，通常是煮完再切小块食用。

蹄膀

蹄膀俗称肘子，是猪腿中肉最多的地方。肉质鲜嫩多汁，是传统中式宴席中不可或缺的菜肴，最常见的是红烧肘子。其外皮筋道、肉质鲜嫩，用来做红烧肉最适合不过了。

胛心肉

胛心肉是猪的肩胛部位，因此又称肩胛肉。虽然是瘦肉，但肉中带有油脂，口感不至于太干涩，很适合用来制作肉臊饭。

猪腿

猪腿介于蹄膀与猪蹄之间，在蹄膀之下、猪蹄之上，脂肪含量高。

猪蹄

猪蹄具有补血益气的作用，对于气虚体弱的人很有帮助。其还含有丰富的胶质，可增强肌肤弹性，使肌肤光滑细嫩。猪蹄肉质厚实、韧性大，因此适合以长时间的炖煮、红烧或卤的方式烹饪。

卤肉的分类

卤肉是将初步加工和焯水处理后的原料放在配好的卤汁中煮制而成的菜肴。一般可分为红卤、白卤两大类。本书中的卤肉大多以红卤为主，在其基础上加辣椒粉或调味酒制成的卤肉，味道更加独特新颖。

红卤

主要用料包括酱油、米酒、水、盐、葱、姜、糖(或冰糖)、大茴香(八角)、桂皮、花椒、丁香、草果等，因卤汁加了红曲或酱色之故，味道甘鲜香醇，菜肴的颜色亦呈现红色，故称其为红卤。有时候为了让食物更加美观，会在卤水中添加食用色素，例如红卤墨鱼。

白卤

用料不加酱油与糖，仅以水及一些调料和中药调制卤成。有些食材因本身色泽的关系，并不需要再靠卤制过程来增加色泽，例如猪肚。所以，白卤就是要呈现原本材料的色泽，但有时为避免颜色太白，会加入少许白酱油调色。

香辣卤

香辣卤就是在基础卤汁中添加辣椒粉，让整锅的卤汁有辣味，但与一般麻辣锅的辛辣感不一样。也可以用任何一种卤包，再加上辣椒粉来制作成独特的香辣卤汁，辣椒粉的比例可依自己的喜好增减，十分简单。

酒香卤

酒香卤的味道有别于一般卤味，最主要的不同在于其所使用的调味酒，例如茉莉花酒、桂花酒、红酒等，都可以用来做酒香卤。添加不同的酒，卤的风味和口感也会不同。

卤肉前的准备

制作卤肉之前，有一些准备工作一定要做好，否则卤出来的肉的口感会大打折扣。就像猪毛没拔干净，夹起肉块准备咬下去的那一瞬间，突然看见竖立的猪毛，让人顿时食欲减退一样。

拔毛不可省

如果是带皮猪肉，如猪蹄、猪五花肉等，虽然购买时商家都会去毛，但是烹饪前还是要检查一遍，因为有些死角是需要用夹子细心剔除，方可将猪毛去除干净。建议先用热水氽烫，去毛会更容易。

切块有提示

猪肉软软的不好切，此处教您两个猪肉切块的妙招。一，先将猪肉略冰冻30分钟（但不要冰得硬邦邦）；二，直接大块肉先用热水氽烫一下，让肉定型，避免切的时候摇摇晃晃。用这两种方法切出来的肉块，既美观又工整。

汆烫更放心

汆烫的主要目的是去脏、去血水，尤其是猪腿部位的细菌较多，汆烫过后比较卫生，吃起来也更放心。

泡水口感佳

猪肉汆烫过后要立刻泡水，因为肉质加热后会膨胀，立刻放入冷水中，可以收缩肉质，让肉紧实，吃起来才会有弹性。

腌制去腥味

猪肉制作之前先腌制，通常使用酱油、料酒，或是葱、姜、蒜等味道较浓厚的调料以及辛香料，让肉去腥、入味。

油炸不松散

经过长时间炖煮，肉质会变松、变软烂，为了避免此现象发生，炖煮前，先用油炸将其定型。油炸时，油温应保持在140～160℃，并用大火炸肉，待肉表面呈金黄色时即可捞起。

认识卤包药材

沙姜
可减少肉的膻腥味，还具有温中散寒、理气止痛的功效，并能促进胃肠的蠕动。

川芎
伞形科植物，取其根作为药材，能祛风、清热止痛，可缓解头痛。

甘草
豆科植物，味甘，入口生津，具有补中益气、泄火解毒、润肺祛痰的功效，并能缓解压力。

草果
味道带有辛辣，可减少肉腥味，是制作卤鸡的主料，主产于云南、广西、海南。

丁香
可缓解疼痛、呕吐、食物中毒症状，具有温肾助阳的作用，其香气浓烈，可增进食欲。

橘皮
是芸香科植物及其变种的成熟果皮，能散发清热、消除积水。

桂皮
又称肉桂，取自肉桂树的树皮，可直接用来炖煮。肉桂叶也具有去腥的作用，是用途非常广的调料。

香叶
香气浓郁，具有暖胃消滞、顺喉止渴等作用，在烹饪上也可增加肉质的鲜甜度。

小茴香
具有缓解头痛、健胃整肠、消除口臭等效用，也有祛寒止痛、镇定、缓和的功效，是做鱼的常用调料。

熟地

属于补血药，有滋阴补血的功效。

孜然

原产于新疆，是烤羊肉串时常用的调料。

花椒

有温中散寒、止泻温脾、暖胃消滞的作用。常用在菜肴烹饪中，有防止肉类滋生细菌的效果。

陈皮

由橘子皮晒干后制成，可用来中和动物内脏等的特殊味道。

五香粉

味道香浓，是由数种独特的香料混合而成，常见的有八角、肉桂、丁香、花椒及陈皮，适合用于肉类烹饪。需酌量使用，若使用过量，香味反而会呛鼻，也就失去其提味的作用。卤肉时加入适量五香粉，更能突显肉质的美味。

八角

有八个角的星状果实，香气浓烈，有着甘草香味及微微甘甜味。如果形状完整，密封起来，可存放约两年。通常不直接食用八角，主要用作调料，帮助提味、去腥。一般情况下，卤肉或红烧烹饪中少不了八角。

自制专用卤包

使用棉布袋

1 将准备好的卤包和药材，装进棉布袋中。

2 装好卤包和药材后，再用棉线绕圈绑紧，这样卤包就算制作完成了。

3 直接将绑好后的卤包和食材一起丢入汤锅中卤制，卤制完成后，连同药材一起丢弃；或将卤包放入保鲜盒中密封。

使用泡茶器

1 将准备好的卤包药材装进泡茶器中。

2 装好卤包和药材后，将泡茶器盖紧，这样卤包就算制作完成了。

3 直接将泡茶器和食材一起丢入汤锅中卤制，卤制完成后，要记得将泡茶器清洗干净，沥干即可。

卤肉软烂的秘诀

　　想要把食材煮到软烂，只要记住以下几点秘诀，不管是卤猪肉或炖牛肉，就变得轻而易举了。

小火慢慢煮

　　冷藏或冷冻的肉类，如果直接用大火加热，容易使食材外熟内生，而且会让水分蒸发，影响口感。若以小火慢慢卤炖，肉类会充分吸收卤汁，达到软嫩多汁的效果。

大块保口感

　　卤、炖会让食材软烂。因此，食材不宜切得太小，以免经卤、炖之后，变得糊烂，那样不但影响口感，更不美观。食材最好切成较大块，而配菜则视搭配作用来决定形状大小。

盖上锅盖焖

　　不管是卤还是炖，在食材煮熟变软烂的过程中，记得要盖上锅盖，继续用小火焖煮，这样锅内的热气就不会流失，循环对流的热气可以将食材焖得更加软烂。

汆烫保鲜味

　　汆烫除了可以去除食材上的杂质，也可以让食材的表面的汤汁先凝固起来，让食材在卤、炖的过程中不会流失原有的鲜味。先将食材汆烫至半熟或全熟，再经过卤或炖至软烂，可以节省不少时间。

借助好帮手

　　可乐和小苏打都含有碳酸成分，碳酸可以软化肉质，是卤、炖的好帮手。可乐可以用来卤炖肉类，例如卤猪蹄。在汆烫的食材中加入小苏打，也可以加快食材的软化速度。

加水煮入味

　　卤、炖时一定要加水，才能让食材更入味。传统的卤、炖会加很多水，以致烹饪时间过长，这是因为要等汤汁收干，让食材充分吸取汤汁的美味，才有软烂又多汁的美味口感。

卤出美味的秘诀

肉，看起来是简单的食材，但要做出一锅鲜香爽口的卤肉，却不是一件简单的事。从材料的选择、火候的控制，再到调料的比例，都有独特的秘方。让我们来看看掌握哪几个小窍门才会轻松卤出一锅芳香四溢、令人垂涎的卤肉呢？

自己剁肉可增加弹性

要卤出口感好的肉，诀窍在于不直接购买肉馅，而是买回整块肉，再慢慢剁成碎丁，剁碎的过程，其实就是为了让肉更有弹性，做出来的肉口感才会有嚼劲。如果以现成的肉馅代替，建议买粗加工的肉馅，再自己用刀剁一剁。

肉的肥瘦有比例

用来卤炖的肉，需要有适当的油脂，做出来的口感才不会太干涩，因此通常选择肥瘦均匀的五花肉，最好挑选肥瘦比例约为2:3的肉块，这种肉不仅能提供卤肉所需的油脂，而且不会太过油腻。

胶质是卤汁黏稠香滑的关键

一锅好吃的卤肉，除了要有适当的油脂外，胶质也是让卤汁黏稠的关键。一般可选用带皮五花肉，连皮一起剁碎熬煮至胶质被释放出来。如果不喜欢吃猪皮，也可事先将皮切下，与肉分开放入，烧开后再捞出即可。

要用小火慢卤

肉块经加热烹煮后，肉中蛋白质凝固、含水量增加，若是一直用大火不断熬煮，水分就会快速蒸发，肉质就会又干又硬。因此，卤肉时，以大火将香料炒出香味后，再以小火慢慢炖煮1～2小时，使香味渗透至肉块，肉质才会软嫩美味。

砂锅炖肉的关键

用砂锅加热食材，能使食材均匀受热，食物的美味也会被完全释放出来。再加上砂锅有较好的保温性，炖出来的汤汁不但浓郁鲜美，还能保持食物的原味。

关键一

用砂锅炖汤，事前加入的水量最好为砂锅的八分满，避免沸腾时汤汁溢出。且待汤汁沸腾后，就要改小火慢慢炖，这样味道才会香纯浓厚。

关键二

用砂锅炖肉，需要掌握好火候。一般遵循先小火、再中火、后小火的顺序。这是因为，虽然砂锅可耐长时间炖煮，但快速或局部的温度变化会引起砂锅热涨冷缩，容易出现裂痕甚至破裂。因此，冷锅时不要用大火，先以小火慢慢加热。当食材入锅后，要以恒温加热，小火慢煨。

砂锅炖肉的特点

用砂锅炖出来的肉，肉质酥烂入味，营养物质易被人体吸收，但炖制时间有讲究，以肉的种类、新鲜程度而定。一般来讲，炖牛、羊肉所需的时间较长，大概2小时；猪肉1.5小时左右；鸡肉40分钟左右。需要特别注意的是，猪肉，特别是肥瘦相间的五花肉，多炖一会儿可使脂肪溶解渗出，这样炖出的肉不油腻；但时间也不宜过长，应控制在2小时以内，否则肉容易软烂不成形。

用心卤出好味道

　　卤肉的关键就是卤汁要熬煮得恰到好处。卤汁的做法看似简单，其实有许多小细节要注意。

Q1 好的卤汁该具备什么条件呢？

A：好的卤汁应该使所有香料的风味完全融合在一起，不会有任何一种味道特别突出，例如，不该全都是八角味或者花椒味等，让人无法一语道破你用了哪些药材或香料，除非你要做的是特殊风味的卤汁。

Q2 药材需要处理吗？

A：药材在使用前可以先稍微冲冷水，洗除杂质后沥干水分再使用。有些特别的中药需要剖开，或敲开才能发挥功用，例如草果要敲开、罗汉果要去壳后捣碎等，如果不确定是否需要处理，可以在购买时询问店家。

Q3 卤包应该继续放着卤吗？

A：卤包在卤汁煮好的时候就可以拿掉了，否则继续煮会让药材煮出苦味。将药材放进棉袋的时候，要留下一定的空间，如果包得太紧实，药材的风味会无法均匀地散开。

Q4 所有的食材都能卤吗？

A：基本上大部分食材都可以卤，只要掌握卤的时间即可，但是要注意的是，同一锅卤汁不要同时卤味道差异太大或是味道特别重的食材，例如：不要把牛、羊、猪、鸡都混在同一锅卤，最好把卤汁分小锅后分别卤，才不会让卤味太混杂。

剩余卤肉、卤汁的保存方法

卤肉、卤汁分开冷藏

　　当天未吃完的卤肉和卤汁，应该要彻底分开，将肉与汁各自放入冰箱中保存，不但可保证两者的质量，也方便第二天加热。

卤肉、卤汁的保存期限

　　一般将卤肉、卤汁放在冰箱冷藏室，可保鲜一周左右；如果放在冷冻室，因为卤汁中含胶质与盐分，结冻后有防止腐败的作用，约可存放两个月。

以小量分装保存

　　食物在解冻的过程中，细菌会急速增加，导致食物腐坏。建议在保存卤肉、炖肉的时候，用保鲜袋或保鲜盒以少量分装，每次只取一份食用，就不用担心反复冷藏的问题了。

烧开可避免腐坏

　　没吃完的卤肉要先煮开，除去多余水分的同时杀死细菌，再放凉至室温后，放入冰箱保存。烧开的卤肉放凉后，表面会有一层浮油，它能将肉与空气隔绝，从而增加卤肉的保存时间。

不加水的卤汁保存更久

　　调整卤肉材料的比例，每次要取用时，再舀出所要使用的分量，加上高汤或水煮开，这样不加水的卤汁可以存放更久。

烧开后降至室温才能放冰箱

　　煮开的卤肉不能马上放进冰箱储存，否则会因温度相差过大，对冰箱造成损害，同时也会影响食物的保鲜效果。所以，卤肉煮开之后必须放凉，待降至室温后，才可放入冰箱保存。

再加热的正确方式

吃不完的卤肉、炖肉，除了其保存方式重要外，再加热的方式也很重要。例如，卤肉和卤汁最好分开加热、使用小火加热等，若不注意这些，原先辛辛苦苦做出来的美味就会受影响。

变成老卤汁

一次卤制完成后，剩下的卤汁可以再加新鲜的肉继续卤制，依味道酌量增添调料及水。因为旧卤汁已经含有胶质，味道浓郁鲜香，再次卤制的肉会更加好吃。许多店家都会保存部分老卤汁，但前提是老卤汁没有变质。

加入料酒或水稀释

加热隔夜的卤汁，其中水分会在煮的过程中被蒸发，而导致卤汁浓缩，味道变咸。因此，可在加热时，倒入适量的水加以稀释，冲淡味道，或加入料酒，料酒还有去除特殊气味和腥味的效果。

分开加热

隔夜的卤肉和卤汁要加热时，需先将卤汁加热至沸腾后，再把卤肉放入一起加热。因为，加热时间过久的话，容易导致卤肉的肉质变硬、肉的水分流失，而使肉变干、变涩，所以必须分开加热。

用小火直接加热

冷藏或冷冻的卤肉、炖肉，如果直接使用大火加热，锅容易焦黑(尤其是冷冻的)，加上肉本身已经是熟的，一下子以大火加热，会让水分急速蒸发而影响肉质口感。所以，最佳的加热方式，就是以小火慢慢加热，且务必烧开。

PART 1

中式经典卤肉

　　卤制美味肉类是中餐的特色之一，也是家庭中常见的烹饪方法之一。卤肉可以搭配多种吃法，可加入蔬菜一起卤，或搭配拌面、米饭，简单又美味。在卤肉的同时，还能卤蛋、卤豆干等，一锅烹饪，就可轻松准备多种佳肴。

家传配方大公开

卤肉一定要用冰糖吗？

冰糖的甜味比较温和，不会像白糖那样鲜明，所以除了能中和卤汁的咸味外，也能让卤汁较滑顺甘甜。很多传统卤肉都会在加了白糖后，再加味精调和口味；而使用冰糖，就可以不用味精，这样更健康。

卤肉加猪皮的作用？

猪皮含有丰富的胶质，酌量搭配其他部位的肉一起卤时，可以增加卤汁的滑润口感。不过，猪皮需要长时间熬煮才能充分释放胶质，吃起来才不会太油腻，所以在制作时，通常会先单独煮制猪皮。

为什么猪蹄煮出来不筋道？

猪蹄本身筋道十足，只要煮到熟软就可以了。如果卤出来是硬硬的，有以下几种可能，一是因为水放太多，二是配料太多。水太多会让猪蹄大部分的油脂散到水中，而配料太多，会影响传热，这些都会导致猪蹄口感不佳。

卤汁与食材的颜色怎么淡淡的？

出现这样的情况，千万不要以为是原本配方中的酱油太少而再添加生抽，这样只会过咸。如果只是想达到上色效果，让卤汁与卤肉颜色好看的话，可以在配方外另加入少许老抽来增色，这样既可以解决问题又不会太咸。

焢肉

材料

猪五花肉　　600克
焢肉卤汁　　适量

美味应用　　猪五花肉不要切好再汆烫，否则汆烫后猪肉会收缩，猪肉块大小不好控制。

做法

1. 猪五花肉洗净；煮开一锅水，放入洗净的猪五花肉，以小火汆烫约20分钟，捞出冲冷水，沥干水，切成约1.5厘米的厚片备用。
2. 按照下方焢肉卤汁的做法，做好焢肉卤汁。
3. 取一炖锅，先将焢肉卤汁烧开，再放入猪肉片。
4. 用小火卤约1小时后熄火，盖上锅盖，闷约1小时即可。

焢肉卤汁

材料

洋葱、大蒜各40克，姜30克，八角、红椒各10克，花椒5克，酱油300毫升，白糖4大匙，水800毫升，色拉油少许

做法

1. 洋葱、姜和大蒜均洗净，沥干水后，拍碎备用；将八角、花椒一同放入棉质卤包袋中扎紧，制成卤包备用。
2. 热锅，倒入色拉油，用小火爆香洋葱、姜、红椒和大蒜，再放入卤包、酱油、白糖、800毫升水，烧开后转小火继续炖煮约5分钟即可。

大封肉

材料

猪五花肉	600克
笋干	200克
葱段	20克
大蒜	10瓣
干辣椒	1个
香菜	少许
水	1500毫升

调料

酱油	135毫升
米酒	4大匙
冰糖	1大匙
鸡精	1/2小匙
五香粉	1/2小匙

做法

1. 将洗净的猪五花肉放入冰箱冷冻约30分钟后取出，并切成长方形，与15毫升酱油、1大匙米酒一起腌制约30分钟后，放入油锅中炸至金黄色，捞出沥油；干辣椒切段，备用。
2. 笋干泡水1小时，于沸水中余烫约10分钟。
3. 热锅加油，爆香大蒜、葱段、干辣椒段，再移入一砂锅中。
4. 向砂锅中放入猪五花肉块与剩余调料，一起煮沸后，加1500毫升水继续煮沸，盖上锅盖，转小火卤约2小时，取出备用。
5. 取卤汁，加入笋干煮沸，以中小火卤约30分钟。
6. 取一盘，铺上煮好的笋干，再摆上卤好的肉，最后加入香菜即可。

竹笋卤五花肉

📋 材料
猪五花肉400克，竹笋300克，大蒜5瓣，姜片3片，葱20克，红辣椒1个，水1300毫升，色拉油适量

🧂 调料
酱油150毫升，冰糖1大匙，料酒2大匙，鸡精1/2小匙

🍳 做法
1. 猪五花肉洗净切块；葱、红辣椒均洗净切段，备用。
2. 竹笋剥去外壳后，切块，放入沸水中煮约15分钟，备用。
3. 热锅，加入色拉油，爆香大蒜、姜片、葱段、红辣椒段，再放入猪五花肉块翻炒至颜色变白，加入所有调料炒香；最后全部移至卤锅中。
4. 向卤锅中加入水（注意水量需盖过肉），用大火烧开后，盖上锅盖，转小火炖煮约20分钟，再放入竹笋块，卤约30分钟即可。

红曲卤排骨

📋 材料
猪小排500克，葱20克，姜25克，肉桂12克，香叶5片，八角5克，红曲米1茶匙，色拉油2大匙，水600毫升

🧂 调料
酱油100毫升，白糖3大匙，黄酒5大匙

🍳 做法
1. 猪小排洗净，剁成小块氽烫；葱、姜洗净，沥干水后，拍松备用。
2. 热锅，倒入色拉油，以中火爆香葱、姜，炒至金黄后取出，再放入汤锅中。
3. 再向汤锅中加入肉桂、香叶、八角、水以及所有调料，烧开后，加入红曲米和猪小排，待汤汁再次烧开后，转小火煮约50分钟，至汤汁收干到猪小排的一半高度即可。

红曲卤肉

材料
猪腿肉600克，大蒜30克，葱丝适量，
水1500毫升

调料
红曲5大匙，白糖2大匙，黄酒2大匙

卤包
陈皮5克，当归2片，八角2粒，沙姜5克，
甘草、小茴香各3克

做法
① 猪腿肉洗净、切块；热油锅，放入洗净的
猪腿肉块和大蒜炒香。
② 再放入所有调料、卤包和水，烧开后转小
火，盖上锅盖，炖煮80分钟即可（盛盘时再
加入葱丝装饰）。

桂竹卤肉

材料
桂竹笋块、猪五花肉各500克，葱姜卤汁1锅

做法
① 将汆烫好的桂竹笋洗净；猪五花肉洗净，切
小块备用。
② 热油锅，以小火翻炒至猪五花肉块表面变
白，加入桂竹笋块和葱姜卤汁，转大火煮
至滚沸，再转小火卤约50分钟即可。

葱姜卤汁
材料
红葱头碎80克，姜末20克，色拉油少许
调料
水1000毫升，盐1大匙，白糖3大匙
做法
　　热锅，倒入色拉油，以小火爆香红葱头
碎和姜末，再加入所有调料，转大火煮至沸
腾即可。

面轮卤肉

材料
猪五花肉300克，面轮100克，大蒜8瓣，
葱10克，辣椒1个，姜片15克，水900毫升

调料
酱油5大匙，白糖2大匙

卤包
八角2粒，桂枝、香叶各5克，甘草3片，草果3颗

做法
1. 面轮用水泡软；猪五花肉切成大片状；葱切段，备用。
2. 热油锅，加入猪五花肉片、大蒜、辣椒和葱段、姜片炒香，放入所有调料和适量水后，再移入炖锅。
3. 在炖锅中加入卤包和泡软的面轮，用大火烧开后，转小火，盖上锅盖卤50分钟即可。

卤腱子肉

材料
腱子肉500克，猪皮80克，姜片3片，辣椒1个，
葱、桂皮各10克，甘草1片，陈皮5克，
水900毫升，生菜叶适量，色拉油2大匙

调料
酱油130毫升，冰糖1大匙，料酒2大匙

做法
1. 腱子肉、猪皮均洗净，放入沸水中氽烫约5分钟，取出冲洗备用。
2. 葱、辣椒均切段备用。
3. 热锅，加入色拉油，爆香姜片、葱段、辣椒段。
4. 取一砂锅，放入爆香后的姜片、葱段、辣椒段以及桂皮、甘草、陈皮、腱子肉、猪皮，并加入所有调料和适量水，一起烧开后，盖上锅盖，转小火卤约1小时，熄火待凉。
5. 取一盘，先铺上洗净的生菜叶，再将卤制好的腱子肉取出切片置于上方，最后淋上少许卤汁即可。

南乳方块肉

材料

猪五花肉400克，芥蓝150克，南乳3块，
月桂叶、姜片各3片，水适量

调料

南乳汁3大匙，料酒2大匙，酱油1/2大匙，
冰糖1大匙，水淀粉适量

做法

❶ 猪五花肉洗净，放入锅中，倒入水（水量需盖
过肉），再加入月桂叶、姜片，煮约20分钟后，
待凉取出；修整猪五花肉边缘，切大方块。

❷ 南乳压碎，与2大匙南乳汁、料酒、酱油、
冰糖一同拌匀，倒入砂锅中，再放入猪五
花肉块，加水烧开后盖上锅盖，转小火续
卤约2小时（卤的中途要翻面）。

❸ 取一盘，铺上汆烫好的芥蓝，再放入卤制
好的方块肉，最后将卤汁、1大匙南乳汁与
水淀粉勾薄芡后，淋适量于肉上即可。

冰糖酱方

材料

猪五花肉400克，葱、姜各20克，上海青200克

调料

水1000毫升，酱油100毫升，冰糖3大匙，
黄酒2大匙，水淀粉1大匙，香油1茶匙

做法

❶ 猪五花肉洗净，汆烫约2分钟捞出，沥干。

❷ 上海青洗净，去菜叶尾部后对切；葱洗净，
切小段；姜洗净，拍松备用。

❸ 取一锅，将葱段和姜铺在锅底，摆入猪五花
肉，加入所有调料（除水淀粉、香油外），
大火烧开后转小火炖约1小时，待汤汁略微
收干后熄火，挑去葱段、姜；再移至碗中，
放入蒸笼蒸约1小时。

❹ 将上海青烫熟后，铺在盘底，摆上蒸好的猪
五花肉。另将碗中的汤汁烧开，以水淀粉勾
芡，加入香油调匀后，淋至猪五花肉上即可。

香卤猪肘子

🥩 材料
猪肘子　　　1个（约750克）
猪肘子卤汁　1锅

📋 做法
1. 猪肘子洗净。
2. 煮一锅沸水，放入洗净的猪肘子，余烫约3分钟后捞出，沥干水备用。
3. 将猪肘子卤汁烧开，再放入猪肘子，以小火继续卤，让卤汁保持微微沸腾状态，盖上锅盖，卤约50分钟后熄火，再闷约30分钟即可。

猪肘子卤汁

卤包材料
草果2颗，桂皮、甘草各8克，八角、花椒各5克，沙姜10克，香叶3克

卤汁材料
水1600毫升，酱油500毫升，白糖100克，料酒200毫升，葱20克，姜50克，红辣椒4个，大蒜40克

卤汁做法
1. 草果拍碎，和其余卤包材料一起放入棉质卤包袋包好；葱、姜、大蒜和红辣椒择好洗净，沥水后均拍松，备用。
2. 热锅，倒入约4大匙色拉油，以中火爆香葱、姜、大蒜和红辣椒，炒至微焦后取出，放入汤锅中。
3. 向汤锅加入其余卤汁材料和卤包，烧开后，转小火继续炖煮约5分钟，至卤汁散发香味即可。

东坡肉

　　"东坡肉"这个名称，源自诗人苏东坡的一句诗，即"无竹令人俗，无肉令人瘦"。这道连苏东坡也为之疯狂的佳肴，是如何做出来的呢？

选带皮猪五花肉

　　又称三层肉，是猪的腹胁肉，属于猪肉各部分中肥瘦比例最接近的一部分，约为2:3。正因为肥瘦适中，所以，适合以炖煮等花费较长时间的烹饪方式制作。炖煮后，油脂融在汤汁中，正好被瘦肉部分吸收，呈现出恰到好处的不油、不涩的口感。

绳子烫过增韧

　　用来绑肉的绳子，可以是草绳，也可以是绵绳。草绳一定要先汆烫过才会有韧性。绑肉的目的，是避免炖煮之后，肉质因太嫩而散开。卤制之前，一定要确定绑牢、绑紧，否则绳子松开，肉也跟着松散了。东坡肉需有入口即化、柔软细嫩的口感。

添加黄酒增香

　　东坡肉的制作跟其他卤肉的不同点就在于，东坡肉添加的是黄酒，而其他卤肉大多添加料酒，酒类不同，味道就会差很多。因此，要是对卤肉很讲究的话，就应该使用黄酒，其释放出来的香浓味，既经典又正统。但如果一时找不到黄酒，降低要求用料酒替代也是可以的。

水量必须盖过肉

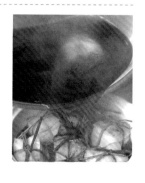

　　水量要超过肉的高度，是为了避免有些肉浸在卤汁里，而有部分肉露在空气中，这样卤出来的肉的味道不但不均，颜色也会有色差，既不美观又不可口。经过长时间的炖卤，如果水分蒸发太多，可以中途再加入热水续卤，但绝不能加冷水，才不会使温度突然下降太多而影响品质。

小火炖卤不老、不涩

　　不论是制作东坡肉，还是其他卤肉，用大火烧开后，就应该盖上锅盖，转小火再继续慢慢卤，长时间卤制是为了让肉入味。若以大火长时间卤下来，肉汁的水分会全部流失，肉吃起来又老又涩。只要保持微微沸腾状态，小火卤就行。

🍖 材料

带皮猪五花肉	500克
葱段	30克
姜片	20克
草绳	多个
水	400毫升

🍲 调料

酱油	200毫升
黄酒	200毫升
白糖	2大匙

📋 做法

❶ 将草绳用热水泡约20分钟至软化，备用（也可用棉绳取代）。

❷ 带皮猪五花肉洗净，切成长宽各约4厘米的方块，依序用草绳，以十字交叉的方式绑紧备用。

❸ 煮一锅水，放入绑好的带皮猪五花肉块，汆烫至肉色变白，捞出沥干水；将带皮猪五花肉块摆入锅中，放入葱段、姜片、水和所有调料，盖上锅盖，以中火煮至卤汁沸腾，转小火炖煮约1.5小时后熄火，闷约30分钟后，挑出葱、姜即可。

卤猪蹄

清洗

买回来的猪蹄，可能已被切开、洗净。然而，无论如何，烹饪前还是要将各部位再清洗干净。除了外皮外，还要翻开皮肉，洗净骨头上残留的杂质等。

汆烫

汆烫猪蹄，主要是逼出之前没洗到的杂质、脏血等，通常依分量多少，决定汆烫时间。但是，至少要5分钟以上，这样还可让皮肉收缩，增加猪蹄的弹性。

冰水冷却

将汆烫好的猪蹄快速放入加了冰块的水中冷却，主要是让皮脂与肉质在遇冷后急速收缩，从而增加猪蹄肉质的弹性。

拔毛

虽然买回来的猪蹄大部分已经被去毛，但还需自己动手仔细处理。猪毛很粗，如果吃的时候看到残存的猪毛，一定会影响胃口，所以，要用拔毛夹仔细将其拔干净。

刮角质

猪蹄外皮上会有一层角质，所以，拔完毛后，可以用刀轻刮一下表皮，把角质去除，这样炖煮出来的猪蹄，外皮口感才会滑嫩。

油炸

汆烫后的猪蹄，依照不同的烹饪目的，会做不同的处理。如果要让皮有脆脆硬硬的口感，应事先下锅油炸一下，但下锅前，记得要把猪蹄表皮水分擦干，以免油花四溅。

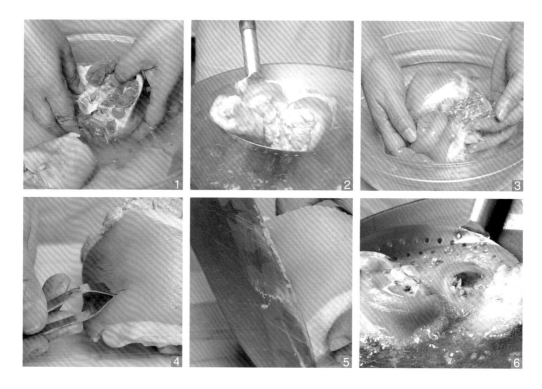

制卤包

卤包材料
草果2颗，桂皮、甘草各8克，八角、花椒各5克，沙姜10克，香叶3克

卤汁材料
葱20克，姜50克，辣椒4个，大蒜40克，水1600毫升，酱油300毫升，料酒200毫升，白糖100克，盐2大匙

做法
1. 将所有卤包材料装入棉质卤包袋中，再用棉线捆紧，即为卤包。
2. 取一个汤锅，将葱、姜、辣椒、大蒜拍松后，放入锅中，加适量水，以中火烧开。
3. 将酱油、料酒放入锅中一起煮，待汤汁烧开后再加入白糖、盐及卤包，转小火煮约5分钟，至香味散发出来即可。

卤制猪蹄

材料
猪蹄1个，葱20克，姜片5片，大蒜10瓣，猪蹄卤包1包，老姜适量，水适量，香菜少许

调料
酱油200毫升，冰糖2大匙，油、料酒各1大匙，盐1小匙

做法
1. 将猪蹄卤包、2000毫升水、酱油、冰糖放入锅中，浸泡20分钟备用。
2. 猪蹄洗净，放入锅中，加水、老姜，一起煮到80℃，去除血水及腥味，捞起猪蹄，泡入冷水中约30分钟；把猪蹄上的细毛刮除，并冲洗干净，然后放入零下30℃的冷藏室，急速冷冻后，再取出，备用。
3. 将葱洗净后，切长段；大蒜拍过，备用。
4. 烧热锅，放入油，再放入葱段、大蒜、姜片爆香，加入盐、料酒调味，倒入锅中。
5. 烧热卤汁，放入猪蹄，卤制约60分钟，取出猪蹄后切小块，盛入盘中，撒上香菜即可。

茶香卤猪蹄

材料
猪蹄900克，上海青适量，八角1粒，桂皮3克，花椒粒1克，茶叶5克，热开水适量

调料
酱油180毫升，料酒30毫升，冰糖1大匙，盐少许

做法
1. 将猪蹄洗净，放入开水中氽烫，约5分钟后捞出，泡冰水待凉，备用。
2. 取一个砂锅，把猪蹄放入，加入八角、桂皮、花椒粒以及所有调料，煮出香味后，加入热开水，转小火煮约1.5小时。
3. 再放入茶叶煮约5分钟，关火后，闷约10分钟；氽烫熟上海青，搭配猪蹄一起食用即可。

美味应用 这里用的茶叶可以是生茶、半生熟茶、熟茶、乌龙茶等，不要用像普洱茶这种味道太重的茶即可。

冬菜卤猪蹄

材料
猪蹄450克，冬菜50克，葱段、姜片各20克，胡萝卜块60克，水1000毫升

调料
酱油、料酒各3大匙，盐1小匙，冰糖2大匙

卤包
罗汉果1/2个，八角2粒，甘草5克

做法
1. 猪蹄洗净、刮毛、剁成块状，放入烧热的油锅中炒香，捞起备用。
2. 冬菜洗净，挤干水，放入油锅中炒香，捞起备用。
3. 再向锅中放入葱段、姜片炒香，加入猪蹄、冬菜、胡萝卜块、水、所有调料和卤包，再全部移入炖锅中。
4. 将炖锅用大火烧开，再转小火，盖上锅盖，炖煮60分钟即可。

香辣卤猪蹄

材料
猪蹄	800克
香辣卤汁	1锅

做法
1. 猪蹄洗净，剁小块。
2. 煮一锅水，放入猪蹄块，汆烫约3分钟捞出，沥干水备用。
3. 将香辣卤汁烧开，放入猪蹄块，以小火煮至卤汁略微沸腾，盖上锅盖，转微火卤约50分钟，熄火，闷约30分钟即可。

香辣卤汁

卤包材料

草果2颗，八角10克，桂皮8克，沙姜15克，丁香、花椒各5克，小茴香、香叶各3克，罗汉果1/4个

卤汁材料

水1600毫升，酱油600毫升，干辣椒40克，葱、姜各20克，白糖120克，料酒100毫升

卤汁做法

1. 草果拍碎、罗汉果剥开，和其余卤包材料一起放入棉质卤包袋包好；葱和姜洗净，沥干水后拍松，备用。
2. 热锅，倒入4大匙色拉油，以中火爆香葱、姜和干辣椒，至外表微焦取出，放入汤锅中，备用。
3. 向汤锅加入其余卤汁材料和卤包，烧开后，转小火继续炖煮约5分钟，至卤汁散发香味即可。

可乐卤猪蹄

🥢 材料

猪蹄	800克
葱	30克
姜	20克
可乐	1罐
水	1000毫升

🧂 调料

酱油	180毫升
冰糖	1大匙

📖 做法

1. 猪蹄洗净，剁小块；把水烧开，放入猪蹄块，汆烫约10分钟后捞出，沥干水备用。
2. 葱、姜洗净、拍松，放入汤锅中备用。
3. 再向汤锅中放入猪蹄块。
4. 倒入可乐、水和所有调料，烧开后，盖上锅盖。
5. 转小火炖煮约2小时，至猪蹄块熟透软化、汤汁略微收干即可。

美味应用 利用可乐炖煮猪蹄，不仅使猪蹄口感更加软嫩，还有上色的作用。由于可乐含糖量高，所以，调味时可减少糖的分量。

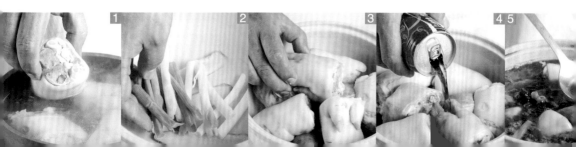

红曲猪蹄

材料
猪蹄800克，胡萝卜500克，豆泡80克，
葱、姜各20克，水1600毫升，色拉油4大匙

调料
红曲酱4大匙，酱油2大匙，白糖1大匙，
料酒100毫升

做法
1. 猪蹄剁小块，放入开水中，汆烫约3分钟捞
   出，洗净沥干，备用。
2. 胡萝卜洗净，去皮后切小块；豆泡洗净，
   沥干；葱、姜洗净后，以刀拍松备用。
3. 取锅烧热，倒入色拉油，放入拍松的葱和
   姜，以中火爆香后熄火。
4. 将爆香后的葱、姜，与水一起放入汤锅中，
   再加入猪蹄块、胡萝卜块、豆泡及所有调
   料，以大火煮开后，改小火维持微微沸腾状
   态，加盖继续炖煮约80分钟，熄火，续闷约
   30分钟即可。

红糟卤猪蹄

材料
猪蹄900克，姜片10克，大蒜5瓣，葱段15克，
红糟100克，水1300毫升，色拉油2大匙，
西蓝花适量

调料
黄酒3大匙，冰糖1大匙，盐少许，酱油1小匙

做法
1. 猪蹄洗净，放入开水中汆烫约5分钟捞出，
   泡冰水待凉，备用。
2. 热一炒锅，加入色拉油，爆香姜片、大
   蒜、葱段，放入猪蹄翻炒约1分钟。
3. 再向锅中加入红糟与所有调料，一同炒
   香；接着全部移入一砂锅中，加入水，以
   中火烧开后，盖上锅盖，转小火继续炖煮
   约75分钟，关火后，再闷15分钟盛盘。
4. 西蓝花放入沸水中烫熟，捞出搭配红糟猪
   蹄即可。

红烧蹄筋

🍽 **材料**

猪蹄筋400克，胡萝卜片20克，竹笋片40克，木耳50克，葱段15克，姜片10克，食用油2大匙，水350毫升

🧂 **调料**

酱油、料酒各1大匙，蚝油2大匙，盐少许，糖1/4小匙

🍳 **做法**

① 将猪蹄筋洗净，氽烫备用。

② 热锅加入食用油，加入葱段及姜片爆香，再加入氽烫后的猪蹄筋和其余材料翻炒。

③ 再向锅中加入所有调料烧开，盖上锅盖，以小火炖煮约15分钟，打开锅盖，拌匀至入味即可。

美味应用　盖上锅盖后，适时晃动锅，这样猪蹄筋会更快地软烂入味。

红烧肉

🍽 **材料**

猪五花肉600克，蒜薹20克，红辣椒1个，水800毫升，色拉油2大匙

🧂 **调料**

酱油、蚝油各3大匙，白糖1大匙，料酒2大匙

🍳 **做法**

① 猪五花肉洗净，切适当大小块，放入油锅中略炸至上色后，捞出沥油备用。

② 蒜薹切段，分成蒜白、蒜尾备用；红辣椒切段，备用。

③ 热锅，加入色拉油，爆香蒜白、红辣椒段，再放入猪五花肉块与所有调料翻炒均匀。

④ 再加入水（注意水量需盖过肉）烧开，盖上锅盖，再转小火煮约50分钟，至汤汁略收干后，加入蒜尾，烧至入味即可。

甘蔗卤肉

材料
猪五花肉400克，甘蔗120克，八角6克，姜、大蒜各20克，肉桂10克，色拉油3大匙，水800毫升

调料
酱油300毫升，白糖1大匙，料酒100毫升

做法
1. 猪五花肉洗净，切小块；大蒜和姜洗净，切碎；甘蔗洗净，拍破，备用。
2. 热锅，倒入色拉油，以小火爆香大蒜和姜，加入猪五花肉块快速翻炒至猪肉表面变白，再加入甘蔗、八角、肉桂、水以及所有调料，烧开后，转小火炖煮约1小时即可。

梅干菜卤肉

材料
梅干菜100克，猪五花肉400克，大蒜40克，姜、红辣椒各30克，色拉油2大匙，水适量

调料
红曲酱4大匙，酱油2大匙，白糖1大匙，料酒100毫升

做法
1. 梅干菜泡冷水，约30分钟后洗净、沥干，切小段备用。
2. 姜、大蒜均洗净、沥干、切碎；红辣椒洗净切段；猪五花肉洗净、沥干水、切小块备用。
3. 热锅，倒入色拉油，以小火爆香姜、红辣椒段、大蒜，再加入猪五花肉块翻炒至猪肉表面变白后，加入所有调料、梅干菜段、适量水，烧开后，转小火炖煮约30分钟熄火，闷20分钟即可。

蒜香卤鸡块

材料
鸡肉块450克，大蒜15瓣，豆角100克，
葱段10克，水800毫升

调料
盐1小匙，白糖1大匙，料酒3大匙

卤包
八角2粒，甘草3克，草果3颗，香叶2克

做法
1. 热油锅，放入洗净的鸡肉块、大蒜和葱段，一同炸香后捞起备用；豆角洗净，备用。
2. 再一同放入炖锅中，加入所有调料及卤包，烧开后转小火，盖上锅盖，炖煮30分钟。
3. 将洗净的豆角放入锅中，继续卤15分钟即可。

美味应用 卤肉剩下的卤汁也可以拿来卤蔬菜，像豆角、香菇等都很适合。

香菇卤鸡块

材料
鸡肉块450克，干香菇6朵，
姜片、葱段、胡萝卜块各20克，水900毫升

调料
酱油2大匙，盐1小匙，冰糖、料酒各3大匙

卤包
花椒、甘草各3克

做法
1. 热油锅，放入洗净的鸡肉块炒香，捞起备用；干香菇泡软，备用。
2. 向锅中放入葱段、姜片、胡萝卜块和香菇炒香，再加入水、所有调料、卤包以及炒香的鸡肉块，翻炒至香味散发出来后，全部移入一炖锅中。
3. 用大火烧开再转小火，盖上锅盖，炖煮50分钟即可。

白菜卤肉

材料
猪五花肉300克，大白菜400克，胡萝卜10克，水700毫升

调料
盐1小匙

卤包
八角2粒

做法
1. 将猪五花肉切块；胡萝卜切丝；大白菜洗净切块，备用。
2. 热油锅，加入胡萝卜丝炒香，加入八角、盐、水和猪五花肉块烧开后，再移入炖锅。
3. 将炖锅用大火烧开，转小火，盖好锅盖，卤30分钟后，加入大白菜，继续卤20分钟即可。

胡萝卜烧肉

材料
猪五花肉600克，胡萝卜350克，大蒜4瓣，葱20克，高汤（或水）1500毫升，食用油适量

调料
盐、糖各1/2小匙，酱油1小匙，料酒1大匙

做法
1. 将猪五花肉洗净，切块；胡萝卜洗净，切菱形块；葱切长段，备用。
2. 热一锅，放入食用油，将大蒜、葱炸至金黄色。
3. 加入五花肉块炒香。
4. 再加入胡萝卜块、高汤及所有调料，以大火煮至沸腾，转小火，盖上锅盖，继续焖煮约50分钟即可。

板栗卤肉

材料
猪腿肉块600克，板栗100克，大蒜15瓣，葱20克，水1300毫升

调料
酱油、料酒各2大匙，盐1小匙，冰糖1大匙

卤包
八角2粒，桂枝、甘草、丁香各5克，小茴香3克

做法
① 猪腿肉块洗净；板栗泡软去膜；大蒜洗净；葱切段，备用。
② 热油锅，放入猪腿肉块，炒香后捞起，再分别放入板栗和大蒜炸香，捞起备用。
③ 另起锅，向锅中放入葱段炒香，再放入炒香后的板栗和大蒜、洗净的猪腿肉块、卤包、水和所有调料，以小火炖煮70分钟即可。

酱烧肉块

材料
猪五花肉块450克，洋葱50克，红甜椒、青椒各30克，水1200毫升

调料
甜面酱、黄酒各3大匙，冰糖2大匙，酱油2大匙

卤包
八角2粒，桂皮、甘草各5克

做法
① 青椒、红甜椒均洗净切块；洋葱切块，备用。
② 热油锅，放入猪五花肉块和洋葱块炒香，再放入水、所有调料和卤包，以大火烧开，再转小火，盖上锅盖，炖煮50分钟。
③ 起锅前，在锅中放入红甜椒块和青椒块，焖煮1分钟即可。

冬瓜卤肉

材料
猪肉500克，冬瓜块300克，姜片15克，
食用油2大匙，水800毫升

调料
酱油3.5大匙，冰糖1/2小匙，盐1/4小匙，
料酒1大匙

做法
1. 将猪肉烫熟，再切块备用。
2. 热锅，加入食用油，放入姜片爆香后，加入猪五花肉块稍微翻炒，再放入水和其余调料。
3. 放入冬瓜块再次烧开，最后以小火卤约30分钟即可。

豆豉苦瓜卤肉

材料
猪腿肉块300克，苦瓜150克，豆豉30克，
辣椒1个，大蒜6瓣，葱10克，油适量，
水900毫升

调料
盐、白糖各1大匙

卤包
八角3粒，甘草5克，桂枝、香叶各3克

做法
1. 苦瓜洗净，去籽切块状，用沸水汆烫后，捞起备用；辣椒、大蒜均切片；葱切段备用。
2. 热锅，加入适量油，放入豆豉爆香，放入猪腿肉块、辣椒片、蒜片、葱段炒香。
3. 再向锅中放入水、所有调料和卤包，以大火烧开后转小火，盖上锅盖，炖煮40分钟。
4. 再将汆烫后的苦瓜块放入锅中，继续卤20分钟即可。

萝卜焖肉

材料
猪五花肉、白萝卜各400克，胡萝卜150克，葱10克，大蒜3瓣，水1000毫升，色拉油适量

调料
酱油100毫升，味噌、料酒各20毫升，冰糖、盐各少许

做法
1. 白萝卜、胡萝卜均洗净，去皮切块；葱切段，备用。
2. 猪五花肉洗净并切块，备用。
3. 热锅，加入色拉油，将大蒜、葱段爆香，放入猪五花肉块，炒至肉块油亮并呈白色后，加入所有调料炒至入味。
4. 再向锅中加水，待水烧开后，盖上锅盖，焖煮约20分钟，再放入白萝卜块与胡萝卜块，继续炖煮25分钟后熄火，再闷10分钟即可。

元宝烧肉

材料
猪五花肉300克，鸡蛋5个，大蒜40克，姜片20克，上海青适量

调料
酱油5大匙，黄酒50毫升，白糖、香油各1大匙，水、水淀粉各适量

做法
1. 猪五花肉切小块；鸡蛋煮熟后剥去蛋壳。
2. 热油锅至约180℃，用1大匙酱油将剥好的鸡蛋拌匀上色，再放入油锅中，炸至表面呈金黄后，捞起沥干油，备用。
3. 将锅中的油倒出，于锅底留少许油，以小火爆香姜片及大蒜至微焦香；再将猪五花肉块下锅，炒至表面变白，向锅中加入4大匙酱油、黄酒、白糖及水拌匀，烧开后，盖上锅盖，用小火炖煮约30分钟。
4. 放入炸好的鸡蛋，以慢火烧至汤汁略干后，用水淀粉勾芡，加入香油拌匀。
5. 摆盘时，放入氽烫熟的上海青装饰即可。

萝卜干卤肉

🐟 材料
猪五花肉300克，萝卜干50克，豆干100克，葱20克，大蒜7瓣，红辣椒1个，西蓝花适量

🫙 调料
酱油3大匙，白糖2大匙，水1200毫升

🫙 卤包
花椒、甘草、丁香各3克，八角2粒，小茴香2克

🍲 做法
1. 将猪五花肉洗净，切成块状；萝卜干洗净，切条状；西蓝花洗净，余烫捞起；葱、红辣椒均切段，备用。
2. 热油锅，放入葱段、大蒜、红辣椒段爆香，再放入猪五花肉块、萝卜干条炒香。
3. 再向锅中放入豆干、所有调料和卤包，然后全部移入一炖锅中，以大火烧开，转小火，盖上锅盖，炖煮80分钟。
4. 摆盘时，放入西蓝花做装饰即可。

圆白菜炖肉

🐟 材料
圆白菜900克，猪五花肉400克，大蒜30克，干辣椒10克，油2大匙，水600毫升

🫙 调料
酱油3大匙，盐1/4匙，糖1小匙，料酒2大匙

🍲 做法
1. 将圆白菜洗净、切大块；猪五花肉洗净、切块，备用。
2. 热锅，加入油，放大蒜及干辣椒爆香，加入猪五花肉块炒至变色，再加入水和所有调料，盖上锅盖，以小火炖30分钟。
3. 将圆白菜用开水余烫至微软，捞出后，放入炖锅中炖30分钟，再焖10分钟至软烂即可。

芋头烧肉

材料
鸡肉450克，芋头300克，大蒜4瓣，
红辣椒1个，葱10克，水1500毫升

调料
盐、料酒各2大匙，白糖1大匙

卤包
八角2粒，沙姜10克，花椒、甘草各5克，
小茴香2克

做法
1. 将鸡肉切块、芋头去皮切块，分别放入烧热
   的油锅中炸香，捞起备用；红辣椒切片；葱
   切段。
2. 将锅中的油倒出，留适量的油，烧热后，
   加入大蒜、红辣椒片和葱段炒香，放入鸡
   肉块、芋头、水及所有调料和卤包，再移
   入炖锅中。
3. 将炖锅用大火烧开，再转小火，盖上锅
   盖，炖煮45分钟即可。

泡菜卤五花肉

材料
猪五花肉块450克，泡菜150克，葱段20克，
水900毫升

调料
白糖2大匙

卤包
八角2粒，甘草3片，白胡椒粒5克

做法
1. 热油锅，加入猪五花肉块、葱段和泡菜炒香，
   再放入水和所有调料炒匀。
2. 然后向炖锅中加入卤包，用大火烧开后，转
   小火，盖上锅盖，卤50分钟至软即可。

土豆炖肉

🍲 材料
猪腿肉300克，土豆150克，洋葱块30克，
水500毫升

🍶 调料
味噌3大匙，酱油2大匙，料酒1大匙

🫙 卤包
八角2粒，丁香2克，桂枝3克

🍲 做法
1. 猪腿肉、土豆均切块状；起油锅，分别放入猪腿肉块、土豆块炸香，捞起备用。
2. 热油锅，加入洋葱块炒香，放入水、所有调料和炸好的猪腿肉块、土豆块，再移入炖锅中。
3. 在炖锅中加入卤包，用大火烧开，转小火，盖上锅盖，卤40分钟即可。

绿竹笋卤肉

🍲 材料
鸡肉块450克，绿竹笋150克，葱20克，
红辣椒1个，水1000毫升

🍶 调料
酱油2大匙，盐1小匙，料酒3大匙

🫙 卤包
八角2粒，花椒、甘草各3克，丁香2克

🍲 做法
1. 鸡肉块洗净；绿竹笋切块，用开水汆烫；葱切段；红辣椒切片。
2. 热油锅，加入红辣椒片和葱段炒香，放入鸡肉块，再加入水和所有调料，移入炖锅中。
3. 在炖锅中，加入卤包和绿竹笋块，用大火烧开后，转小火，盖上锅盖，卤50分钟即可。

洋葱胡萝卜卤肉

📖 **材料**
猪腿肉300克，胡萝卜100克，洋葱50克，
水600毫升

🧂 **调料**
酱油、料酒各2大匙，盐1小匙，味噌3大匙

🧄 **卤包**
八角2粒，小茴香、花椒各3克，沙姜5克，
草果3颗

📋 **做法**
1. 猪腿肉切成块；胡萝卜、洋葱均切块，备用。
2. 热油锅，加入猪腿肉块、胡萝卜块和洋葱块炒香，放入水和所有调料，再移入炖锅中。
3. 在炖锅中加入卤包，用大火烧开后，转小火，盖上锅盖，卤50分钟即可。

萝卜卤梅花肉

📖 **材料**
梅花肉500克，白萝卜300克，胡萝卜150克，
葱10克，姜片5片，大蒜5瓣，水1400毫升，
色拉油2大匙

🧂 **调料**
酱油200毫升，冰糖1大匙

📋 **做法**
1. 梅花肉洗净切块；白萝卜、胡萝卜均去皮、切厚圆片；葱切段，备用。
2. 将切好的白萝卜用沸水煮约20分钟，备用。
3. 热锅，加入色拉油，爆香大蒜、姜片、葱段，再加入梅花肉块炒至颜色变白，加入所有调料炒香；最后全部移至卤锅中。
4. 向卤锅中加入水（水量需盖过肉），用大火烧开后，盖上锅盖，转小火煮约25分钟，再放入胡萝卜片、白萝卜片，继续炖煮约25分钟即可。

西红柿卤肉

材料
猪腿肉块300克，西红柿块90克，葱段10克，水700毫升

调料
酱油、番茄酱各1大匙，盐1小匙，味噌3大匙

卤包
八角3粒，广皮、孜然各2克，甘草3克

做法
1. 热油锅，放入葱段爆香，加入猪腿肉块、西红柿块炒香，放入水、所有调料和卤包。
2. 将锅用大火烧开，再转小火，盖上锅盖，炖煮45分钟即可。

豆腐乳卤小排

材料
猪小排600克，豆干150克，葱20克，姜片30克，水1500毫升

调料
豆腐乳4小块，冰糖2大匙，料酒3大匙

卤包
丁香、花椒、香叶各3克，白胡椒粒5克

做法
1. 猪小排洗净剁块，放入烧热的油锅中炒香，捞起备用；葱切段，备用。
2. 向锅中放入葱段、姜片炒香，再加入猪小排、豆干。
3. 再放入水、所有调料和卤包，用大火烧开，再转小火，盖上锅盖，炖煮90分钟即可。

白菜狮子头

材料

老豆腐	150克
猪肉馅	200克
荸荠碎	50克
姜末	10克
葱末	10克
姜丝	适量
葱段	适量
鸡蛋	1个
大白菜	400克
色拉油	约200毫升
水	600毫升

调料

盐	1/2茶匙
白胡椒粉	1/2茶匙
白糖	2大匙
酱油	适量
料酒	1茶匙
香油	1茶匙

做法

1. 老豆腐汆烫10秒钟后捞起，冲凉压成泥；大白菜切大块，洗净备用。

2. 将猪肉馅放入钢盆中，加入盐，搅拌至有黏性，再加入1大匙白糖及鸡蛋拌匀，续加入荸荠碎、老豆腐泥、葱末、姜末、盐、1大匙酱油、料酒、白胡椒粉、香油，拌匀成肉馅，并分成4份，用手掌搓成圆球形，即成狮子头。

3. 热锅，倒入色拉油，将狮子头下锅，以中火煎炸至狮子头表面定形且略焦。

4. 取一炖锅，将葱段、姜丝放入锅中垫底，再依序放入狮子头、水、100毫升酱油和1大匙白糖，转大火，烧开后，转小火煮约30分钟，再加入大白菜，继续炖煮约15分钟至软烂，以香菜（材料外）装饰即可。

葱烧卤肉丸

材料
猪肉馅300克，山药块100克，葱20克，
洋葱、姜各10克，红辣椒1个，水500毫升

调料
酱油2大匙，蚝油、白糖各1大匙，八角2粒，
桂皮5克，草果3颗，陈皮2克，白胡椒粒3克

做法
① 草果敲开，与八角、桂皮、陈皮制成卤包。
② 洋葱和姜分别剁碎，加入猪肉馅中拌匀，捏
　 成肉丸子；葱、红辣椒均切段。
③ 起油锅，放入肉丸子炸至金黄后，捞起备用。
④ 热油锅，加入葱段、红辣椒段炒香，放入
　 炸好的肉丸、山药块和所有调料。
⑤ 再移入炖锅，加入卤包、水，用大火烧开
　 后，转小火，盖上锅盖，卤30分钟即可。

酱卤肉丸子

材料
猪肉馅300克，梅子3颗，葱段15克，
上海青2棵，姜末、蒜末、红辣椒段各10克，
水500毫升

腌料
酱油1小匙，糖1/4小匙，料酒1/2小匙，淀粉少许

调料
酱油3大匙，糖1小匙，盐少许，料酒1大匙

做法
① 将梅子去籽、剁碎后备用；上海青洗净，
　 备用。
② 将猪肉馅加入腌料中腌制拌匀，再加入姜
　 末、蒜末及梅子，搅拌均匀至有黏性，捏
　 成丸子备用。
③ 热油锅，将肉丸子油炸至上色，捞出备用。
④ 热锅加入少许油，加入葱段及红辣椒段爆
　 香，再加入所有调料，放入炸好的丸子，烧
　 开后，盖上锅盖，以小火卤至软烂，起锅前
　 加入上海青煮软即可。

卤汁狮子头

🍲 材料

荸荠	5个
豆腐	1/2块
猪肉馅	600克
大白菜	300克
猪蹄卤汁	400毫升
香菜	少许
色拉油	600毫升
水	100毫升

🧂 调料

糖	1大匙
盐	1小匙
黄酒	1小匙
麻油	2大匙
胡椒粉	1/4小匙
姜水	1/4小匙
淀粉	3大匙
水淀粉	3大匙

📋 做法

① 荸荠洗净、去皮、切碎，将水分压干后，与豆腐、猪肉馅搅拌均匀，加入糖、盐、胡椒粉、姜水、黄酒、淀粉及1大匙麻油，继续拌匀，并揉成肉团；大白菜洗净，切大片，备用。

② 锅中倒入色拉油，加热至七分热，将肉团放入锅中，炸成金黄色后捞起，沥干油备用。

③ 另取一锅烧热，倒入猪蹄卤汁，放入大白菜及水，煮约5分钟后倒入砂锅中，将炸好的肉团放在大白菜上，以小火焖煮15分钟，再以水淀粉勾芡，最后滴入1大匙麻油稍拌即可起锅，撒上香菜装饰。

花生卤猪尾

材料
花生100克，猪尾400克，八角2粒，水700毫升

调料
盐1/2小匙，酱油3大匙，糖1小匙，料酒1大匙

做法
1. 将花生泡水6小时后，再用沸水氽烫；猪尾洗净，氽烫3分钟，捞出备用。
2. 取一锅，加入花生及猪尾，再加入八角、水、调料；将内锅放入电饭锅中，外锅加3杯水，煮至开关跳起，再焖5分钟。
3. 外锅再加3杯水，煮至电饭锅开关再次跳起，闷10分钟至软烂即可。

美味应用　外膜颜色较浅的花生比较新鲜，质地较硬，想要有软烂又绵密的口感，一定要先泡水处理。猪尾因为富含胶质，本身的口感就比较有弹性，事先以沸水氽烫过，即可卤到软烂。

蒜薹卤大肠

材料
处理好的猪大肠250克，大蒜3瓣，八角2粒，姜、葱、大蒜、蒜薹各10克，色拉油1大匙，水500毫升

调料
酱油5大匙，白糖2大匙，香油1小匙，料酒2大匙

做法
1. 将姜、大蒜切片；葱切成段；蒜薹切片，铺在盘上，备用。
2. 取一汤锅，加入色拉油，再加入姜片、大蒜片、葱段，以中火爆香。
3. 加入水、所有调料、八角及处理好的猪大肠，再以中火卤约30分钟至软烂。
4. 上桌前，将卤大肠捞起、切段，再铺在蒜薹片上即可。

油豆腐烧肉

材料

猪五花肉600克，油豆腐8块，大蒜7瓣，
葱20克，红辣椒1个，八角3粒，色拉油1大匙，
高汤1000毫升

调料

盐1/2小匙，酱油3大匙，冰糖2大匙，
料酒2大匙，糖1大匙

做法

1. 将市售高汤放入锅中烧开，再加入所有调
   料及八角煮至均匀，成为卤汁备用；葱切
   段备用。

2. 将猪五花肉洗净切块；油豆腐放入沸水中汆
   烫过油，捞起备用。

3. 热锅，加入色拉油，加入大蒜、葱段及红
   辣椒炒香，加入猪五花肉块炒香，再加入
   油豆腐和卤汁。

4. 用大火烧开，改小火，盖上锅盖，炖约30
   分钟即可。

什锦煲

材料

小排骨400克，大白菜800克，豆皮60克，
西红柿2个，姜末30克，水800毫升，油少许，
辣味肉酱罐头1罐（约180克）

调料

盐1小匙，白糖1大匙，料酒2大匙

做法

1. 小排骨剁小块，放入沸水中汆烫至变色，捞
   出洗净，备用。

2. 大白菜切大块，洗净后沥干；西红柿洗净，
   去蒂后切小块；豆皮泡水至软，冲洗干净，
   备用。

3. 取锅烧热后，倒入油，先放入姜末，以小
   火爆香，再放入小排骨和料酒，以中火炒
   约1分钟。

4. 移入汤锅中，加所有材料、盐、白糖，以
   大火煮开，改小火，加盖继续炖煮约40分
   钟，至小排骨软烂且汤汁略收干即可。

豆瓣卤牛肉

材料
牛肋条500克，洋葱20克，姜30克，八角5克，色拉油1大匙，水1000毫升

调料
豆瓣酱、白糖各2大匙，盐1/6茶匙

做法
1. 牛肋条洗净，切小块，汆烫备用；洋葱去皮，切碎；姜切碎，备用。
2. 热锅，倒入色拉油，以小火爆香洋葱和姜，加入豆瓣酱略炒香后，加入牛肋条块、八角、水以及其余调料，烧开后，转小火炖煮约1.5小时，至牛肋条块熟透软化、汤汁略微收干即可。
3. 然后一同移入一内锅中，外锅再加3杯水，煮至电饭锅开关跳起，再焖10分钟至软烂即可。

家常炖牛肉

材料
牛腩500克，胡萝卜50克，土豆100克，姜片3片，葱10克，八角4粒，水3000毫升

调料
酱油3大匙，白糖1大匙，料酒2大匙

做法
1. 牛腩切块，用沸水将牛腩汆烫至熟，捞出，以冷水洗净备用。
2. 土豆、胡萝卜分别洗净，去皮、切块；葱切段，备用。
3. 取一锅，放入所有材料、调料，以小火炖煮约2小时，至入味且牛腩熟透即可。

美味应用 炖牛肉与烧牛肉的调料、材料大同小异。炖牛肉会用较多的汤汁，且需要花较长时间炖煮；而烧牛肉则不需要太多的汤汤水水，通常汤汁较浓稠，烧煮的时间相比之下也稍短。

贵妃牛腩

材料
牛肋条500克，洋葱20克，姜30克，
水1000毫升，色拉油1大匙

调料
番茄酱6大匙，辣椒酱4大匙，盐1/6茶匙，
白糖2大匙

做法
1. 牛肋条洗净，切小块，氽烫备用；洋葱去皮，切碎；姜切碎，备用。
2. 热锅，倒入色拉油，以小火爆香洋葱碎和姜碎，再加入牛肋条块、水和所有调料，烧开后，转小火炖煮约1.5小时，至牛肋条块熟透软化、汤汁略微收干即可。

酱卤牛腱

材料
牛腱400克，葱、姜各20克，丁香、花椒各5克，
小茴香、白豆蔻各3克，草果2颗，八角10克，
桂皮8克，水1000毫升，色拉油4大匙

调料
酱油300毫升，白糖150克，
料酒100毫升

做法
1. 牛腱洗净，煮一锅沸水，放入牛腱氽烫约3分钟捞出，沥干水备用。
2. 草果拍碎，和其余材料一起放入棉质卤袋中包好，制成卤包备用；葱、姜洗净、拍松。
3. 热锅，倒入色拉油，以中火爆香葱、姜，再加入水、所有调料和卤包，烧开后，放入牛腱，待卤汁再次烧开后，转小火保持微微沸腾状态，盖上锅盖，炖卤约50分钟；打开锅盖，持续翻动牛腱，至卤汁收干、呈浓稠状即可。

西红柿炖牛肉

材料
去皮西红柿1个，牛肋条900克，葱段200克，姜片20克，蒜片10克，牛骨高汤3500毫升，色拉油少许

调料
盐少许

做法
1. 将去皮西红柿切块；牛肋条汆烫至熟，冷却后切块，备用。
2. 热锅加入色拉油，加入葱段、姜片及蒜片爆香。
3. 再加入去皮西红柿块及牛肋条块翻炒，然后加入牛骨高汤一同烧开，转小火炖煮约90分钟至牛肋条块软烂收汁，加入盐调味即可。

麻辣牛肉片

材料
牛腱400克，葱白10克，姜片30克，八角4粒，花椒1茶匙，葱花适量，香菜碎、辣椒碎各少许

调料
辣椒片适量，香油、醋各1/2茶匙，辣椒油、酱油各1茶匙，辣豆瓣酱、糖各1茶匙

做法
1. 牛腱放入沸水中，以小火汆烫约10分钟后，捞出备用。
2. 煮一锅水，放入葱白、姜片、花椒、八角烧开，放入牛腱，以小火煮约90分钟，取出放凉后，切成0.2厘米的薄片。
3. 取一碗，放入牛腱片，加入所有调料拌匀，再加入葱花拌匀，静置约30分钟入味后盛盘，再加入香菜碎、辣椒碎拌匀即可。

辣酱卤牛筋

材料
牛筋　　　　600克
辣酱卤汁　　1锅

做法
1. 牛筋洗净。
2. 烧一锅水，放入洗净的牛筋，炖煮约1小时，再捞出冲冷水，冷却后切小段备用。
3. 将辣酱卤汁烧开，放入牛筋段，以微火卤约1.5小时，熄火，盖上锅盖，闷约1小时后取出即可。

辣酱卤汁

卤包材料
草果1颗，八角5克，肉桂8克

卤汁材料
姜末、蒜末各40克，色拉油2大匙，白糖2大匙，辣椒酱4大匙，料酒50毫升，水1000毫升

做法
1. 草果拍碎，和其余卤包材料一起放入棉质卤包袋包好，备用。
2. 热锅，倒入色拉油，加入姜末、蒜末和辣椒酱，以小火炒约1分钟至香味四溢，倒入料酒，翻炒约1分钟；将锅中材料移入汤锅中，备用。
3. 向汤锅中加入水、白糖及卤包，用大火烧开，转小火继续炖煮约5分钟，至卤汁散发香味即可。

豆瓣牛筋

材料

牛筋500克，八角5粒，花椒、姜各5克，桂皮50克，草果3颗，葱20克

调料

辣豆瓣酱1大匙，盐、糖各1/2茶匙，黄酒20毫升

做法

① 牛筋入沸水中汆烫，洗净备用。

② 将牛筋、八角、花椒、桂皮、草果、姜、葱一同放入锅中，加水，刚好淹过牛筋，以中火炖3小时，再将牛筋以外的材料全部捞出。

③ 再将调料加入锅中，将锅移至火上，以中火煮到汤汁收干即可。

西红柿牛腩

材料

牛腩300克，西红柿2个，葱20克，姜片4片，大蒜3瓣，奶油、盐各1小匙，料酒130毫升，猪蹄卤汁500毫升，水600毫升

做法

① 牛腩洗净切块；西红柿洗净，用刀在上面划十字，入沸水中汆烫，捞起，冲冷水去皮后，切小块，备用。

② 葱洗净切段；姜取3片，用刀背拍松；大蒜去皮，用刀背拍松。

③ 煮沸一锅水，放入姜1片、料酒30毫升，再放入牛腩块汆烫去血水，待肉变色即捞出沥干。

④ 锅烧热，加入奶油、西红柿，以大火炒香，再放入牛腩块、料酒100毫升，一起炒至牛腩块上色，放入姜片、大蒜、葱段、盐炒匀，然后倒入猪蹄卤汁和水烧开。

⑤ 将所有材料移入炖锅中，用小火炖煮3小时，至牛腩块软烂即可。

葱味牛腱

🍖 **材料**
牛腱150克，姜5克，葱20克，色拉油1大匙，
水800毫升

🍶 **调料**
市售卤味包1包，酱油50毫升，冰糖2大匙，
陈皮1片

🍳 **做法**
❶ 牛腱外皮的筋去除、洗净；姜切片；葱切
段，备用。
❷ 取一汤锅，加入色拉油，再加入姜片及葱
段，以中火爆香。
❸ 加入所有调料及处理好的牛腱，用大火烧开。
❹ 盖上锅盖，转中小火，炖煮约50分钟至牛
腱软烂，冷却后切片即可。

> **美味应用** 牛肉如果煮的时间过长，口感不佳。
> 牛腱的外皮含有筋膜，可以先去除，避免
> 影响口感。

茶香牛肉

🍖 **材料**
牛腩700克，桂皮1块，草果2颗，花椒5克，
八角4粒，油适量，姜片20克，水1000毫升

🍶 **调料**
绿茶30克

🍳 **做法**
❶ 牛腩与桂皮、草果、花椒、八角，以小火同
煮1小时后，将牛腩取出切块，备用。
❷ 锅中入油烧热，放入姜片、牛腩块，以小火
炒香，再加入水和绿茶，以小火继续炖煮约
30分钟至肉块烂熟即可。

鲞火靠肉

🍲 材料

鳗鱼干	100克
猪五花肉	200克
蒜末	30克
姜片	20克
葱段	20克
色拉油	少许
水	200毫升

🍶 调料

酱油	3大匙
黄酒	2大匙
白糖	2大匙

📖 做法

① 鳗鱼干剁块，用热开水浸泡约30分钟，至鳗鱼干软化，沥干水备用。

② 猪五花肉洗净，沥干水，切小块。

③ 热锅，倒入色拉油，以小火爆香姜片、蒜末，至呈微焦状后，加入猪五花肉块，翻炒至猪肉表面变白，加入水和所有调料烧开，盖上锅盖，转小火焖煮约20分钟。

④ 打开锅盖，放入鳗鱼干。

⑤ 以微火烧煮至汤汁略微收干。

⑥ 盛盘，并撒上葱段即可。

红烧牛肉

材料

牛腩600克，白萝卜块200克，市售卤包1包，胡萝卜块150克，姜片15克，月桂叶3片，油2大匙，水800毫升

调料

料酒、酱油各3大匙，糖1小匙，盐1/4小匙，番茄酱1.5大匙

做法

① 将牛腩洗净，切块后汆烫；白萝卜块、胡萝卜块均汆烫，备用。

② 热锅，加入油，将姜片爆香，加入牛腩块略炒，再加入水和所有调料翻炒均匀。

③ 向锅中加适量水烧开，再加入月桂叶及卤包，盖上锅盖，以小火卤40分钟，再放入白萝卜块、胡萝卜块，以小火卤约30分钟至软烂，再焖10分钟即可。

美味应用　牛腩的肉质比牛腱软，经过汆烫之后，会稍微软化。卤牛肉时，务必盖紧锅盖，再转成小火慢卤。起锅前，一定要再焖10分钟，卤好的牛肉便会软烂。白萝卜及胡萝卜吸取了卤汁后，口感多汁又入味。

夫妻肺片

材料

牛头皮、牛舌、牛肉各150克，油炸花生30克，葱10克

调料

红油30毫升，盐、糖各1/2茶匙，花椒粉1/4茶匙，卤汁50毫升

做法

① 将牛头皮、牛肉汆烫洗净；牛舌放入沸水中，以小火煮半小时，剥去厚膜。

② 将牛头皮、牛舌、牛肉预先卤好，切成薄片排盘。

③ 将油炸花生用刀背碾碎；葱切成葱花，备用。

④ 将所有调料混合后，淋在切好的牛头皮、牛舌、牛肉上，再撒上花生碎、葱花即可。

酒香鸡腿

🍱 材料

鸡腿	400克
酒香卤汁	1锅
茉莉花酒	少许

📋 做法

1. 鸡腿洗净，沥干水备用。
2. 酒香卤汁烧开，放入鸡腿和茉莉花酒，用小火让卤汁保持略微沸腾状态，约10分钟后熄火，盖上锅盖，闷约15分钟后取出即可。

酒香卤汁

卤包材料

草果1颗，八角、香叶各3克，桂皮、甘草各4克，沙姜6克

卤汁材料

水1200毫升，酱油500毫升，白糖100克，葱、姜各20克，茉莉花酒200毫升

做法

1. 草果拍碎，和其余卤包材料一起放入棉质卤包袋包好；葱、姜洗净，沥干水拍松，放入汤锅中备用。
2. 于汤锅中加入适量水，烧开后加入其余卤汁材料（茉莉花酒除外）和卤包，再次烧开后，倒入茉莉花酒，转小火，继续卤约5分钟，至卤汁散发香味即可。

烧卤鸡腿

🍳 材料
鸡腿	400克
香烧卤汁	1锅
葱	20克
姜	30克
水	150毫升

🧂 腌料
料酒	50毫升
盐	1/4茶匙
油	适量

📋 做法
1. 鸡腿洗净；葱、姜洗净，沥干水后拍松，再加入所有腌料，抓匀腌渍约2小时，备用。
2. 取腌渍好的鸡腿，沥干腌汁；热油锅，待油烧热至约160℃后，放入鸡腿，以中火炸约5分钟，至表面呈金黄色后，捞出备用。
3. 将香烧卤汁烧开。
4. 放入炸好的鸡腿，用小火让卤汁保持微微沸腾状态，约5分钟后熄火，盖上锅盖，闷约30分钟后取出放凉即可。

香烧卤汁

卤包材料

草果1颗，八角3克，桂皮、甘草、小茴香各4克，花椒5克

卤汁材料

水1200毫升，黄酒200毫升，酱油400毫升，白糖100克，葱、姜各20克

做法

1. 草果拍碎，和其余卤包材料一起放入棉质卤包袋包好；葱、姜洗净，沥干水后拍松，放入汤锅中，备用。
2. 于汤锅中加入其余卤汁材料和卤包，烧开后，转小火继续炖煮约5分钟，至卤汁散发香味即可。

卤味鸡翅

材料
鸡翅500克，葱20克，大蒜3瓣，姜片2片，
八角3粒，五香粉、胡椒粉各少许，
水1200毫升，色拉油2大匙

调料
酱油150毫升，料酒100毫升，冰糖1大匙，盐少许

做法
1. 鸡翅洗净，放入沸水中氽烫约1分钟，捞出冲水；葱切段；大蒜拍扁，备用。
2. 热锅，倒入色拉油，放入姜片、八角和葱段、大蒜，爆香后一同移入到一卤锅中。
3. 卤锅中放入鸡翅、五香粉、胡椒粉、所有调料和水，烧开后，转小火卤约15分钟，熄火，待凉后取出装盘即可。

杏鲍菇卤鸡翅

材料
鸡翅200克，杏鲍菇100克，大蒜4瓣，
红辣椒1个，葱10克，水500毫升

调料
蚝油、酱油各1大匙，白糖1小匙，料酒2大匙

卤包
花椒3克，草果3颗，香叶2克

做法
1. 鸡翅洗净对切；杏鲍菇切块，放入炸锅中炸香，捞起备用；红辣椒切片；葱切段。
2. 热油锅，加入大蒜、红辣椒片和葱段炒香，再放入鸡翅翻炒，然后放入所有调料及适量水拌匀，再一同移至炖锅中。
3. 向炖锅中加入卤包和杏鲍菇块，用大火烧开后，转小火，盖上锅盖，卤30分钟即可。

西红柿卤鸡块

材料

带骨鸡胸肉300克，莲藕100克，西红柿1个，姜片2片，卤肉汁500毫升，水300毫升

调料

黄酒50毫升，醋适量

做法

1. 将鸡胸肉洗净切块，入沸水中汆烫，捞出洗净；莲藕洗净，去皮切片后泡醋备用。
2. 西红柿洗净对切，一半切片后铺在砂锅底；另一半切丁，和肉块一起放入砂锅中。
3. 再将泡好的莲藕片、姜片、卤肉汁、水、黄酒放入锅中，并淹过鸡胸肉块，以大火烧开后，转小火，焖煮约20分钟，用筷子插入肉中没有血水溢出即可。

野菇卤鸡块

材料

鲜香菇4朵，蟹味菇、银杏各50克，鸡腿200克，苹果、红辣椒各1个，蒜薹10克，大蒜5瓣，油1大匙，水500毫升

调料

酱油100毫升，蚝油30毫升，白糖2大匙，料酒30毫升

做法

1. 鸡腿洗净，切块；苹果洗净，切滚刀块；鲜香菇洗净，对切；蒜薹洗净，切段，备用。
2. 热锅，加入油，放入蒜薹段、红辣椒和大蒜炒香后，再加入鸡腿块炒至上色。
3. 向锅中加入水、所有调料和红苹果块、鲜香菇、蟹味菇和银杏，烧开后，改小火煮至汤汁略收干即可。

仙草卤翅根

材料

翅根400克，葱10克，姜适量，辣椒1个，
仙草茶包2包，色拉油2大匙

调料

生抽、味噌各3大匙，料酒2大匙，冰糖1/2小匙

做法

① 翅根洗净，放入沸水中略余烫，捞出，以清
水冲洗干净，备用。

② 葱切段；姜切片；辣椒切片，备用。

③ 热锅，放入色拉油，爆炒姜片、葱段和辣椒
片，加入所有调料和仙草茶包。

④ 再加入翅根与水（水量盖过材料），烧开
后，盖上锅盖，并以小火煮约15分钟，熄
火，闷5分钟即可。

红曲卤鸡肉

材料

鸡胸肉300克，红甜椒、黄甜椒各1/2个，
蘑菇4朵，葱10克，大蒜5瓣，油1大匙，
水500毫升

调料

酱油100毫升，蚝油30毫升，白糖2大匙，
料酒30毫升，红曲酱1.5大匙

做法

① 将鸡胸肉洗净切块；红甜椒、黄甜椒均洗净
切块；蘑菇洗净对切；葱洗净切段，备用。

② 热锅，加入油，放入葱段和大蒜炒香后，再
加入鸡胸肉块炒至上色。

③ 向锅中加入水、所有调料和红甜椒块、黄甜
椒块、蘑菇，烧开后，改转小火，煮至汤汁略
收、鸡肉软烂即可。

卤鸡爪

材料
鸡爪600克，月桂叶、甘草各3片，八角3粒，草果2颗，葱19克，水适量，色拉油2大匙

调料
酱油150毫升，冰糖1/2大匙，黄酒1大匙

做法
1. 先将鸡爪洗净，用刀将爪尖去除；葱切段，备用。
2. 取一锅，倒入适量的水烧开，将鸡爪放入，以沸水氽烫后取出，用冷水冲洗，备用。
3. 将月桂叶、八角、甘草及草果用水冲洗，沥干。
4. 热油锅，放入葱段、月桂叶、八角、甘草及草果，以中火爆香，再放入所有调料、水及鸡爪烧开。
5. 改小火继续炖煮15分钟后关火，最后以余温闷约5分钟即可。

洋葱烧鸡翅

材料
洋葱丝100克，鸡翅500克，葱段15克，油2大匙，水500毫升

调料
酱油3.5大匙，料酒2大匙，盐1/4小匙，糖1/2小匙

做法
1. 将鸡翅洗净，加入1/2大匙酱油、1大匙料酒腌制10分钟。
2. 将腌制好的鸡翅放入热油锅中炸至上色，捞出备用。
3. 另起锅，加2大匙油烧热，加入洋葱丝及葱段爆香，加入腌好的鸡翅、3大匙酱油、盐、糖、1大匙料酒、水烧开后，以小火炖煮约30分钟至软烂即可。

麻油山药鸡

材料
山药200克，鸡腿肉500克，西蓝花80克，
红枣50克，枸杞、老姜片各20克，
胡麻油3大匙，面条100克，水600毫升

调料
酱油2大匙，糖1大匙，料酒300毫升

做法
1. 将山药去皮、切块；鸡腿肉切块；西蓝花切成小朵，备用。
2. 热锅，倒入胡麻油，加入老姜片爆香，再加鸡腿肉块炒香。
3. 将炒香后的食材盛入砂锅中，加入山药块、红枣、枸杞、水及所有调料，烧开后，加入西蓝花及面条，煮至软烂入味即可。

栗子炖鸡

材料
板栗100克，鸡肉块600克，红枣12颗，
姜片10克，水800毫升

调料
酱油2大匙，盐1/2小匙，鸡精1/4小匙，
料酒1大匙

做法
1. 将板栗泡水6小时，去外膜后汆烫，捞出备用。
2. 将鸡肉块汆烫后备用。
3. 取一内锅，放入板栗及鸡肉块，加入红枣、姜片及水；将内锅放入电饭锅中，外锅加2杯水，煮至电饭锅开关跳起，再焖10分钟至软烂即可。

美味应用 栗子质地比较硬，务必事先泡水软化，并且去除外膜，以免影响整道菜的软烂口感。

青木瓜炖鸡

材料
青木瓜400克，鸡腿块350克，姜片15克，油2大匙，水600毫升

调料
酱油2大匙，盐1/2小匙，料酒1大匙

做法
1. 将青木瓜洗净、去皮、去籽、切块；将鸡腿块洗净，备用。
2. 热锅加油，加入姜片爆香后，加鸡腿块炒至变色，再加入水和所有调料，最后加入青木瓜块。
3. 盖上锅盖，以小火炖煮约40分钟，再焖10分钟即可。

> **美味应用** 青木瓜含有酵素，可以软化肉质。挑选青木瓜时，可以选择成熟一点的，质地较软。

香菇炖鸡

材料
干香菇100克，甜豆30克，去骨鸡腿肉450克，葱段20克，姜片、红辣椒片各10克，油适量，水500毫升

调料
蚝油2大匙，酱油、料酒各1大匙，糖1小匙

做法
1. 将干香菇泡发；甜豆去粗丝；去骨鸡腿肉切块，备用。
2. 热锅，倒入油，加入去骨鸡腿肉块炒至变色，加入葱段、姜片、红辣椒片及香菇爆香。
3. 加入水和全部调料焖煮至软烂，取出食材盛入砂锅中。
4. 留下汤汁，加入甜豆炒匀。将炒好的甜豆盛入砂锅中即可。

洋葱鸡肉煮

材料
土鸡肉块300克，洋葱块100克，杏鲍菇块30克，鲜香菇块20克，土豆块50克，油少许，水适量

调料
酱油、味噌各2大匙，盐1/4小匙

做法
1. 土鸡肉块放入沸水中略微汆烫，捞出，沥干水备用。
2. 热锅倒入油，放入洋葱块炒香，再放入杏鲍菇块、鲜香菇块以及土豆块，翻炒至香味四溢。
3. 向锅中加入土鸡肉块和所有调料，用大火烧开，盖上锅盖，留少许缝隙，改小火炖煮约20分钟即可。

咖喱椰奶鸡块

材料
鸡腿360克，洋葱、胡萝卜各30克，大蒜6瓣，色拉油1大匙，高汤500毫升

调料
咖喱粉2大匙，椰奶2大匙，盐1/2小匙，白糖1大匙

做法
1. 热锅，将咖喱粉炒香，倒入高汤烧开，再加入其余调料煮匀成为卤汁备用。
2. 将鸡腿洗净、剁块、汆烫，备用；洋葱及胡萝卜去皮、切块，备用。
3. 热锅，加入色拉油，加入大蒜、洋葱块及胡萝卜块炒香。
4. 加入卤汁烧开，再加入鸡腿块，转小火，盖上锅盖，炖煮约25分钟至软烂即可。

茄子卤鸡块

材料
鸡肉块300克，茄子100克，大蒜5瓣，
葱段20克，水500毫升

调料
酱油2大匙，白糖1小匙，盐1/2小匙

卤包
八角2粒，花椒3克，甘草、香叶各2克，桂枝5克

做法
① 茄子洗净，切圆桶状；起油锅炸香茄子
块，捞起备用。
② 热油锅，加入大蒜、葱段和鸡肉块炒香，
放入所有调料，再一同移至卤锅中，加适
量水。
③ 向卤锅中加入卤包，以大火烧开后，转小
火，盖上锅盖，卤20分钟。
④ 起锅前，再放入炸好的茄子卤5分钟即可。

香卤鸡腿

材料
鸡腿300克，姜、葱各10克，洋葱60克，
红辣椒1个，色拉油1大匙，八角、丁香各2粒，
甘草片2片，水500毫升

调料
酱油40毫升，冰糖1大匙，香油、五香粉各1小匙

做法
① 将鸡腿洗净，余烫后捞起备用。
② 将姜切片；葱段；洋葱切成大片状，备用。
③ 取一汤锅，加入色拉油，加入姜片、葱段、
洋葱片、红辣椒，以中火爆香。
④ 加入水、所有调料、八角、丁香、甘草片翻
炒，再加入鸡腿，盖上锅盖，以中小火卤约
15分钟至软烂即可。

花生炒鸡丁

材料

鸡胸肉1块，干辣椒2个，小黄瓜1根，豆干2块，洋葱、花生各30克，红辣椒1/2个，葱10克

调料

香油1大匙，盐、白胡椒粉、鸡精各1小匙

做法

① 鸡胸肉切小丁，备用。

② 豆干、小黄瓜和洋葱均洗净，切丁；红辣椒和葱均洗净，切碎末状，备用。

③ 将花生用菜刀切碎。

④ 取一炒锅，先将鸡肉丁炒香，再加入干辣椒爆香，然后加入豆干丁、小黄瓜丁、红辣椒末、葱末翻炒均匀。

⑤ 最后加入所有调料翻炒均匀即可。

酱卤鸭

材料

全鸭1只，葱、姜各20克，草果1颗，八角8克，甘草、陈皮各10克，花椒5克，香叶3克，水1500毫升，色拉油4大匙

调料

酱油500毫升，白糖250克，料酒100毫升

做法

① 全鸭洗净备用；葱、姜洗净拍松，备用。

② 草果拍碎，和其余材料（除全鸭、葱、姜、水外）一起放入棉质卤袋中包好，备用。

③ 热锅，倒入色拉油，以中火爆香葱、姜，再加入水、所有调料和卤包，烧开后，放入全鸭，待卤汁再次烧开后，转小火，不时翻动全鸭使其均匀受热，待卤汁收干至浓稠状即可。

白菜卤鸡卷

🍲 材料

市售炸鸡卷	1条
白菜	600克
葱段	20克
干香菇	2朵
虾米	10克
高汤	600毫升
食用油	2大匙

🧂 调料

盐	1/4小匙
鸡精	1/4小匙
糖	少许
白胡椒粉	少许

🍳 做法

1. 将炸鸡卷切小段，备用。
2. 白菜洗净切片；干香菇泡软切丝；虾米泡软。
3. 热锅，加入食用油，放入葱段、虾米爆香，再放入白菜稍微炒软。
4. 加入高汤烧开，放入鸡卷和所有调料，煮至入味后，加香菇丝即可。

美味应用　　鸡卷因为外面包裹豆腐皮，所以炸起来酥脆美味，但重新煎或炸后容易干，失去口感。因此，可以选择用煮或卤的方式，让鸡卷的豆腐皮充分吸收汤汁，吃起来就不会干硬，配合汤汁一起吃别有一番风味。

卤水鸭

材料

全鸭　　　1只
卤汁　　　1锅

做法

① 全鸭洗净后，沥干水备用。

② 将卤汁烧开，放入全鸭，以小火卤约20分钟后，熄火，盖上锅盖，浸泡闷约30分钟即可。

卤汁

卤包材料

草果2颗，八角10克，桂皮、陈皮各8克，沙姜15克，丁香、花椒各5克，小茴香、香叶各3克，罗汉果1/4颗

卤汁材料

水1600毫升，酱油400毫升，蚝油、黄酒各100毫升，葱、香菜茎、大蒜、姜各20克，白糖100克

做法

1. 草果拍碎、罗汉果剥开，和其余卤包材料一起放入棉质卤包袋包好；葱、香菜茎、大蒜和姜洗净，沥干水后均拍松，备用。

2. 取葱、香菜茎、大蒜和姜放入汤锅中，加入卤汁材料中的水烧开，再加入其余卤汁材料和卤包，转至小火，继续炖煮约5分钟，至卤汁散发香味即可。

桂花卤鸭

材料
全鸭　　　1只
桂花卤汁　1锅

做法
① 全鸭洗净，沥干水备用。
② 将桂花卤汁烧开，放入全鸭，大火烧开后以小火卤约20分钟后，熄火，盖上锅盖，浸泡闷约30分钟即可。

桂花卤汁

卤包材料
草果1颗，八角3克，桂皮、甘草各4克，桂花、色拉油各少许

卤汁材料
水1200毫升，黄酒200毫升，酱油400毫升，白糖100克，葱、姜各20克

做法
1. 草果拍碎，和其余卤包材料（除色拉油外）一起放入棉质卤包袋包好；葱和姜洗净，沥干水后拍松，备用。
2. 热锅，倒入色拉油，以小火爆香葱和姜，加入卤汁材料中的水，烧开后，加入其余卤汁材料和卤包，转小火继续炖煮约5分钟，至卤汁散发香味即可。

五香肉臊

🥢 材料
猪肉馅	400克
猪皮	240克
红葱酥	100克
色拉油	约100毫升
水	1800毫升

🧂 调料
酱油	250毫升
五香粉	1/2小匙
白糖	3大匙

🍳 做法
1. 将猪皮表面以刀刮干净后，清洗干净，再放入约2000毫升的沸水中，以小火煮约40分钟至软后取出，冲凉，完全冷却后，切成小丁备用。
2. 锅中倒入色拉油烧热，放入猪肉馅炒至散开。
3. 加入酱油和适量水，接着依序将白糖、五香粉加入锅中一起炖煮。
4. 煮沸后再撒入红葱酥与猪皮丁。
5. 以小火炖煮约30分钟，至汤汁略显浓稠即可。

辣酱肉臊

材料
猪肉馅400克，豆豉20克，红葱酥30克，大蒜50克，姜15克，色拉油约100毫升，水300毫升

调料
豆瓣酱50克，辣椒粉3大匙，蚝油50毫升，白糖1小匙

做法
1. 豆豉洗净、剁细；姜、大蒜去皮、切碎，备用。
2. 锅中倒入色拉油烧热，放入豆豉、姜碎、蒜碎，以小火爆香，再加入猪肉馅，以中火炒至肉表面变色且散开。
3. 将豆瓣酱及辣椒粉加入锅中略炒香，再加入水和其他调料煮开，最后加入红葱酥，以小火煮约15分钟即可。

鱼香肉臊

材料
猪肉馅300克，大蒜50克，洋葱30克，姜15克，水400毫升，色拉油约150毫升

调料
辣椒酱4大匙，白醋50毫升，酱油200毫升，白糖3小匙

做法
1. 大蒜、洋葱及姜均去皮、切碎备用。
2. 锅中倒入色拉油烧热，放入大蒜、洋葱、姜，以小火爆香，加入辣椒酱炒至油变红色。
3. 放入猪肉馅，以中火炒至肉馅表面变色散开，加入酱油、水及白糖，以小火煮约8分钟后，加入白醋烧开即可。

葱烧肉臊

材料
猪肉馅400克，洋葱100克，葱、红葱酥各50克，大蒜酥30克，水700毫升，色拉油约100毫升

调料
酱油100毫升，蚝油40毫升，白糖1.5大匙

做法
① 洋葱去皮，与葱一起洗净、切碎。
② 锅中倒入色拉油，放入洋葱和葱，以小火爆香，加入猪肉馅，转中火炒至肉表面变色且散开。
③ 将蚝油加入锅中略炒香，再加入水和其他调料，煮开后加入红葱酥及大蒜酥，以小火炖煮约10分钟即可。

茄汁肉臊

材料
猪肉馅300克，姜、洋葱、大蒜各20克，葱25克，水300毫升，色拉油约100毫升

调料
番茄酱300克，白糖2大匙，蚝油5毫升

做法
① 姜、大蒜及洋葱去皮，与葱一起洗净、切碎备用。
② 锅中倒入色拉油，放入切碎的姜、大蒜、洋葱和葱，用小火爆香，再加入猪肉馅，转中火炒至肉表面变色且散开。
③ 将番茄酱加入锅中略炒香，再加入水和其他调料，以小火煮约10分钟即可。

香菇肉臊

🥘 材料
猪肉馅300克，猪皮1800克，泡发香菇1000克，红葱酥800克，色拉油约100毫升，水1400毫升

🧂 调料
酱油150毫升，白糖3大匙

🍳 做法
❶ 用刀刮净猪皮表面的毛并洗净，然后放入约2000毫升的沸水中，以小火煮约40分钟，至软后取出冲凉，切小丁。

❷ 泡发香菇洗净泡软，切小丁备用。

❸ 锅中倒入色拉油烧热，放入香菇丁，以小火爆香，再加入猪肉馅炒至散开。

❹ 将红葱酥、猪皮丁、水和所有调料加入锅中，以小火熬煮约30分钟，至汤汁略显浓稠即可。

豆酱肉臊

🥘 材料
猪肉馅3000克，姜、大蒜各200克，红葱酥250克，色拉油约100毫升，水600毫升

🧂 调料
黄豆酱2500克，酱油50毫升，白糖1大匙

🍳 做法
❶ 姜去皮切末；大蒜洗净、切碎，备用。

❷ 锅中倒入色拉油烧热，放入姜末、蒜碎，以小火爆香，再加入猪肉馅，以中火炒至肉表面变色且散开。

❸ 将黄豆酱加入锅中略炒香，再加入水、所有调料、红葱酥，以小火煮约20分钟即可。

贵妃牛肉臊

🍖 材料

牛肉馅	220克
肥猪肉	200克
猪皮	100克
洋葱	50克
姜	40克
大蒜	50克
色拉油	约150毫升
水	800毫升

🧂 调料

辣椒酱	3大匙
番茄酱	200克
白糖	2大匙

📋 做法

1. 将猪皮表面以刀刮干净后，清洗干净，放入沸水中，以小火煮约40分钟至软后取出，冲凉至完全冷却，切成小丁，备用；肥猪肉剁碎，备用；将姜、洋葱和大蒜洗净、去皮、切碎，备用。

2. 锅中倒入色拉油烧热，放入猪皮丁，切碎的姜、洋葱和蒜，以小火爆香后，再加入辣椒酱，炒至油变为红色。

3. 另起锅，将牛肉馅及肥猪肉放入锅中，以中火炒至表面变色且散开。

4. 续加入水和其他调料一起炖煮，煮沸后再加入之前锅中炒好的材料，改小火炖煮约25分钟即可。

萝卜干肉燥

材料
猪肉馅300克，碎萝卜干100克，红辣椒1个，葱、洋葱、大蒜各40克，色拉油约100毫升

调料
酱油50毫升，白糖1小匙

做法
1. 大蒜、洋葱去皮，红辣椒去蒂，均与葱一起洗净、切碎。
2. 碎萝卜干洗净，沥干水分。
3. 锅中倒入色拉油，放入切碎的大蒜、洋葱、红辣椒和葱，用小火爆香后，加入猪肉馅，用中火炒至熟透，且水分收干。
4. 将所有调料加入锅中炒香，再加入碎萝卜干，以小火炒至干香后即可。

香葱鸡肉燥

材料
去骨鸡腿肉400克，洋葱100克，姜10克，葱50克，红葱酥30克，色拉油约100毫升，水700毫升

调料
酱油100毫升，白糖1大匙

做法
1. 去骨鸡腿肉洗净、剁碎。
2. 洋葱、姜去皮，与葱一起洗净、切碎。
3. 锅中倒入色拉油烧热，放入切碎的洋葱、姜和葱，用小火爆香，再加入剁碎的鸡腿肉，炒至肉表面变色散开。
4. 将水和所有调料加入锅中，煮开后加入红葱酥，以小火炖煮约15分钟即可。

PART 2

人气卤肉饭

卤肉饭的美味让人难以抗拒。浓郁鲜香的卤肉，热气腾腾地淋在米饭上，顿时让人食欲大增。在家做卤肉饭，总是觉得缺点什么。这里教您独家秘方，让您在家也可以做出超美味的卤肉饭。

卤肉饭不可或缺的材料

八角

八角气味浓郁，有甘草香味及微微的甘甜味。通常不直接食用，主要是取其风味来提味去腥。中式烹饪中，卤汁卤肉绝对少不了八角，它更是五香粉的主要原料之一。但是其味道较重，不可加太多，否则会掩盖其他食材的味道。

洋葱

洋葱的气味浓郁鲜明，可以用来去腥、提味。除了直接使用之外，油炸做成红葱酥，风味也相当独特。卤肉时，洋葱可以说是卤肉的关键。

料酒

料酒可以去除肉类的腥味，还可以增添卤汁的鲜甜味。

酱油

卤肉时加入酱油可以增添咸度与香味，味道更佳。

葱

葱的味道甜而不辛，与高蛋白质食物一起烹调时，可以促进蛋白质的分解，让肉质更快软烂入味，还能提味、增鲜。

大蒜

大蒜除了可以去腥、提味之外，略带辛辣的风味，更能突显肉类的美味，也具有杀菌的效果。在卤肉中添加大蒜，整锅卤汁的风味就显得更有层次。

五香粉

五香粉风味独特浓郁，是由数种独特的香料混合而成，一般常见的配方有八角、肉桂、丁香、花椒及陈皮。适合用于肉类烹饪，要酌量使用，如果过量反而会过于呛鼻，失去了提味的作用。卤肉时加入适量的五香粉，更能突显肉质的美味。

冰糖

冰糖的甜味温和，没有白糖那么鲜明，为菜品增添清爽甘甜的同时，不抢食材的原味，适合用于卤、红烧、甜品的调味。在卤肉时加入冰糖，可以中和咸味，增添爽口的甘甜，还能让肉色增加光泽，卤汁也更加浓稠香滑。

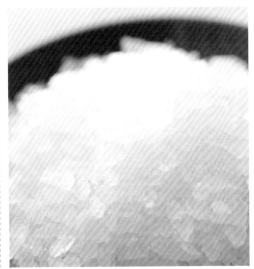

适合做肉馅的最佳部位

五花肉（三层肉）

五花肉肥瘦比例恰当，适合用来做肉馅，其中肥肉分量足够且分布均匀；瘦肉的肉质较嫩，不怕制成的肉馅口感太过油腻或是太过干涩。用此部位做成的肉馅卤肉臊最适合，还可以加入猪皮一起炖，煮好的肉臊香味浓郁，口感极佳。选用此部位时，因为每头猪存在差异，可以先检查一下肥瘦比例与分布，将它作为挑选的依据。

猪皮、肥肉

猪皮跟肥肉无法直接用来制成肉馅。猪皮因为含有丰富的胶质，若用来搭配猪肉馅熬煮，可以产生黏滑的口感，不过猪皮需要经过长时间的熬煮才能使胶质充分释放，也不会过于油腻，因此可先独自烫煮猪皮，再连同肉馅一起烹饪；肥肉可以用来添加在油脂不足的肉馅内，通常卖肉的人会在绞肉时添加适合比例的肥肉，可依照个人喜好酌量添加。

梅花肉

梅花肉属于猪的肩胛肉，而猪的肩胛肉又可以分为上、下肩胛肉两部分，梅花肉位于上肩胛肉的部分，是表皮底下的肌肉。猪常会运动到此部位，而让瘦肉的比例较高，若要拿此部位来制成肉馅，可考虑添加适量的肥肉，口感会比较嫩。

后腿肉

后腿肉的肉质较好，拿来做肉馅似乎有点浪费。但是不喜欢吃过于油腻的人偏好后腿肉。因为猪的后腿运动量较大，肥瘦的比例约为1:4，瘦肉的比例较高，不适合以熬煮较久的烹饪方式制作，否则会因为油分丧失过多而使整道菜的口感变得干涩松散。

这些也是美味的肉馅

● 牛肉馅

牛肉馅的肉质与猪肉不同，牛肉的瘦肉含量较高，肉质也较为紧实。牛肉油脂比起猪肉少很多，所以可以多添加一点肥肉一起绞，口感会更好。

● 鸡肉馅

用鸡肉做出的肉馅，跟猪肉馅比起来较干涩，不过爽口的肉质和清新的味道很不错，是健康的新选择。可选择仿柴鸡来制成肉馅，口感适中不松散；柴鸡的肉则太过结实干涩；肉鸡的肉则又太过松软。

怎样让肉臊味更美

加料酒去腥味

料酒可以去除食材本身的腥膻味，还可突显食材的甘甜。用料酒烹调时，有画龙点睛的效用，滴几滴料酒，就能让卤肉的鲜味散发出来。

加红葱酥香气浓郁

红葱酥是制作卤肉臊不可或缺的美味材料，它是用红葱头在热油中炸制而成，带有一股浓浓的葱香味。若对口感要求没那么严格，还可以用爆香的洋葱代替红葱酥，一样美味可口。

红葱酥

材料

红葱头10颗，植物油100毫升，盐1茶匙

做法

1. 红葱头去皮后切成薄片。
2. 红葱头片倒入植物油内以慢火煎炸，油量需盖过红葱头片，煎炸期间要不断搅拌，注意不要用大火，避免将红葱头炸焦。
3. 等红葱头慢慢脱水变色后，加入盐，继续搅拌至红葱头香脆，即可捞出沥干油。
4. 待凉后储藏起来，一道芳香四溢的红葱酥就制作完成了。用来煎炸红葱头的油也是很好的调味油，可用来拌菜等，口味俱佳。

加香料提味

卤肉可不只是肉加水同卤而已，还有一些让肉更香、更美味的配料，像八角、肉桂等，都是卤汁的常用香料。这些香料因味道浓郁，卤的时候通常只要添加少许即可，大多用来去腥、增加香气。一般也可直接用五香粉替代，五香粉中包含多种香料风味，使用更为方便。

素食卤肉饭的制作与误区

美味素食卤肉饭要怎么制作

可用素食代替猪肉制作素食卤肉饭，常见的有素肉馅、素肉丝、面轮这三种。它们都是豆制品，吃起来口感差不多，因此，无论使用哪一种来制作都可以。素肉馅已是碎肉状，唯有素肉丝与面轮需先泡软切碎，再烹煮。

素食卤肉饭常见的有素瓜仔肉臊饭、香菇素肉丝饭、香椿素肉丝饭等。吃惯了卤肉，偶尔来点不一样的素食卤肉，会让您很满足。

 ▲ 素肉馅

 ▲ 素肉丝

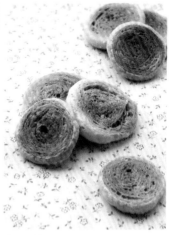 ▲ 面轮

食素误区

● 误区一：大量添加油脂、糖、盐

由于素食较为清淡，有些人在烹饪时会添加大量的油脂、糖、盐和其他调味品。殊不知，这些做法反而会给人带来过多的能量和油脂，因为植物油和动物油含有同样多的能量，食用过多一样可引起肥胖。

● 误区二：蔬菜生吃有营养价值

一些素食者热衷于以凉拌或沙拉的形式生吃蔬菜，认为这样才能充分发挥其营养价值。实际上，蔬菜中的很多营养成分需要添加油脂才能很好地吸收，如维生素K、胡萝卜素、番茄红素等，都属于烹调后更易被吸收的营养物质。沙拉酱的脂肪含量高达60%以上，用它进行凉拌，并不比放油脂烹调的热量低。

卤肉饭营养解密

米饭

米饭中的氨基酸组成比较完整，易被人体消化吸收。米饭还可提供丰富的B族维生素等营养成分，具有补中益气、健脾养胃、通血脉、聪耳明目、止烦、止泻的功效。

猪肉

猪肉含有丰富的优质蛋白质和人体必需脂肪酸，并提供血红素（有机铁）和促进铁吸收的半胱氨酸，能改善人体缺铁性贫血。它还具有补肾养血、滋阴润燥的功效。

洋葱

洋葱具有发散风寒、抵御流感、强效杀菌、增进食欲、促进消化、扩张血管、降血压、预防血栓、降低血糖、防癌抗癌、清除自由基、防治骨质疏松症和感冒的功效；还可辅助治疗消化不良、食欲不振、食积内停等病症。

大蒜

大蒜具有强力杀菌、降低血糖、预防感冒、抗疲劳、抗衰老、抗过敏、保护肾脏、预防女性霉菌性阴道炎等作用，不论是生吃还是用来调味，营养价值都很高。

食用搭配提示

就算食物营养价值高，食用时也要搭配科学，才能发挥其真正的保健功效。下面列出不可与上述食材同时食用的食物，让您制作的卤肉饭既美味又健康。

米饭	不宜与蜂蜜、苍耳同食
猪肉	不宜与乌梅、甘草、鲫鱼、虾、鸽肉、田螺、杏仁、驴肉、羊肝、甲鱼、菱角、荞麦、鹌鹑肉、牛肉同食；食用猪肉后不宜大量饮茶
大蒜	不宜与蜂蜜同食
洋葱	不宜与蜂蜜、黄鱼同食

米饭怎么煮最香

煮米饭的步骤

淘洗

稍稍淘2次，快速冲水，靠米粒摩擦，将石灰粉、碳酸钙及少数米糠杂物洗去，但不必太用力搓洗，否则矿物质也会被洗掉。

加水

1杯米（190克），内锅加1杯水（240毫升），加水量可依米的新旧及个人喜好酌量增减。

浸泡

米洗过后必须浸泡，米的吸水量是：5分钟吸水量达到10%，1小时吸水量即达80%。因此，最好浸泡1～2小时，让米充分吸水，煮时才能糊化完全，也比较好吃。

焖饭

无论是用电饭锅还是用电子锅煮饭，当开关跳起时，水分已被米粒完全吸收，但不宜打开锅盖，继续焖20分钟后再打开，让米完全吸入游离水，这样煮出来的饭才能呈现松软状。

翻松

饭一煮好，打开锅盖，就先将整锅饭用饭匙翻松，才能使整锅饭含水量均匀，不至于饭越盛到后面越干。

> **美味应用**
>
> **洗出好味道**
>
> 米粒表面因去糠，会残留许多糠粉，如没有充分洗净，煮后的米会容易变黄。仔细冲洗一次即可，此时米已吸收原本重量约10%的水分。

掌握好米浸泡的时间

米在水中适当浸泡后，会缩短其煮熟时间。如没浸泡过，较易产生米芯不熟的情况。

泡30分钟，米会急速吸水，约60分钟后，会达到顶点，大小膨胀为原体积的1倍。因米种不同，浸泡的时间也会不同，通常糙米因较硬，煮时较久，需要泡较长时间。泡陈米或水温较低时，亦会增长浸泡的时间。

水量是煮好米饭的关键

要煮出适度香软的米饭，必须注意水量。一般的米洗净沥干，放置30～60分钟后，加水量为米的0.8～1倍；糙米、发芽米洗净沥干，放置2小时以上，加水量为糙米或发芽米的1.2～1.5倍。依米种的不同等可酌情增减水量。

让饭更好吃的高招

煮饭过程中绝不可打开锅盖，以免造成米不熟的情况。若想让米饭更好吃，煮饭前加少许盐再煮，可去除米的涩味，味道更鲜甜；另一种方式是加少许油（如色拉油）再煮，这样煮出来的饭会比较有光泽。

用电锅煮米饭最快速

电饭锅煮米饭

1. 舀1杯米放入电饭锅内锅，并淘洗干净。
2. 将多余的水倒掉。
3. 加入1杯水于内锅，浸泡1~2小时；电饭锅外锅加入1格的水，再放入内锅，盖上锅盖，按下开关，待开关跳起后，不要急着掀锅盖，再焖20分钟。
4. 打开锅盖时，要先将整锅饭以饭匙将米粒翻松，这样既美味又可口的白米饭就出炉了。

备注 步骤3中的"1格的水"，即是一般量米杯刻度的1格。正好是在开关跳起时，将倒入外锅的水完全煮干，再利用电饭锅独有的"焖"，让米饭熟透，掀起锅盖时，当然也不会看到外锅有烫手的水分残留了。

电子锅煮米饭

1. 舀1杯米，淘洗干净后，倒掉多余的水；再加入1杯水，浸泡1~2小时。
2. 浸泡完后，倒入电子锅内锅，盖上锅盖，按下开关，煮至开关跳起后，再焖20分钟。
3. 打开锅盖，将整锅饭全部翻松。
4. 最后再盛出食用。

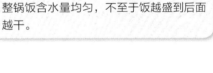
备注 将整锅饭翻松后再盛出食用，才能使整锅饭含水量均匀，不至于饭越盛到后面越干。

传统卤肉饭

材料

红葱酥	80克
蒜末	15克
猪五花肉	600克
高汤	1000毫升

调料

白胡椒粉	1/4小匙
五香粉	少许
酱油	120毫升
料酒	50毫升
冰糖	1大匙

做法

① 猪五花肉洗净、沥干，切成丁状备用。

② 加热炒锅，放入猪五花肉丁炒至肉变色。

③ 再加白胡椒粉、五香粉炒香，续加入90毫升酱油、料酒、冰糖翻炒。

④ 炒至入味后熄火，一同移入到砂锅中，砂锅中再加入高汤一起炖煮，烧开后转小火，盖上锅盖。

⑤ 继续炖煮约45分钟后，加入30毫升酱油、红葱酥、蒜末，煮约15分钟即可。

美味应用　这种用猪五花肉块做的卤肉饭比较受欢迎，口感鲜嫩的五花肉块，经过卤炖后不油不腻，令人回味无穷。

洋葱卤肉饭

材料

猪五花肉600克，洋葱丝180克，八角2粒，红葱酥10克，水1100毫升，色拉油3大匙

调料

酱油120毫升，白糖10克，
肉桂粉、白胡椒粉、花椒粉各少许

做法

1. 猪五花肉洗净，切丝备用。
2. 热锅，加入色拉油，放入洋葱丝，炒软至香后取出。
3. 在锅中放入猪五花肉丝炒至油亮，加入所有调料炒香，再倒入水烧开，转小火炖煮40分钟。
4. 再放入炒过的洋葱丝和红葱酥，炖20分钟即可。
5. 盛出盖在米饭上即可。

备注：食用时可搭配黄瓜丝配色，口感也较好。

辣味卤肉饭

材料

猪肉馅600克，蒜末20克，红辣椒片15克，水1000毫升，色拉油3大匙

调料

辣椒酱60克，酱油20毫升，冰糖20克，盐少许

做法

1. 热锅入色拉油，加入蒜末和红辣椒片爆香。
2. 在锅中放入猪肉馅炒至变色，加入辣椒酱炒香，再加入剩余调料翻炒入味。
3. 再倒入水烧开，转小火继续炖煮50分钟。
4. 盛出盖在米饭上即成。

 美味应用　冰糖甜味比较温和，加在卤肉中，不仅能中和卤肉的咸味，还能带来滑顺甘甜的口感。

腐乳卤肉饭

材料

猪五花肉450克，腐乳6块，洋葱末10克，蒜末20克，水700毫升，色拉油3大匙

调料

酱油1大匙，盐少许，白糖1/2大匙，料酒2大匙

做法

① 猪五花肉洗净、切丁，备用。

② 热锅，加入色拉油，加入蒜末、洋葱末爆香，放入猪五花肉丁炒香至变色。

③ 在锅中放入所有调料和腐乳翻炒均匀，加入水烧开，再转小火煮50分钟。

④ 盛出盖在米饭上即成。

备注：上桌时可搭配辣脆笋和香菜一起食用，风味更佳。

蒜香卤肉饭

材料

猪肉馅600克，蒜末80克，水1000毫升，色拉油4大匙

调料

酱油100毫升，冰糖10克，料酒50毫升

做法

① 热锅入色拉油，加入蒜末爆香，上色后取出，即成蒜酥。

② 在锅中放入猪肉馅炒至变色，再加入所有调料炒香。

③ 再加入水烧开，转小火炖煮30分钟，最后放入蒜酥卤20分钟。

④ 盛出盖在米饭上即成。

备注：上桌时可搭配胡萝卜片一起食用更美味。

卤肉饭

材料

猪皮	200克
洋葱	50克
猪油	5大匙
胛心肉	600克
高汤	1200毫升

调料

酱油	100毫升
冰糖	1大匙
料酒	2大匙
白胡椒粉	少许
五香粉	少许

做法

1. 猪皮洗净、切大片，放入沸水中氽烫约5分钟，再捞出冲冷水，备用；洋葱洗净，切除头尾后，切末备用。

2. 热锅，加入猪油，再放入红葱末爆香，用小火炒至呈金黄色微焦后，取出20克的红葱酥，备用。

3. 加入绞碎的胛心肉翻炒，炒至肉变色、水分减少后，加入所有调料炒香。

4. 熄火，移入一砂锅中；向砂锅中加入高汤共煮，煮沸后加入氽烫好的猪皮，转小火，盖上锅盖，续煮约1小时后，加入先前取出的20克红葱酥，煮约10分钟，最后夹出猪皮即成肉臊，盛出盖在米饭上即可。

备注：搭配卤蛋营养更丰富。

焢肉饭

材料

猪五花肉	1200克
八角	3粒
桂皮	10克
水	2000毫升
葱	10克
姜片	3片
大蒜	6瓣
色拉油	5大匙

调料

酱油	220毫升
冰糖	1大匙
料酒	2大匙
五香粉	少许
白胡椒粉	少许

做法

① 猪五花肉洗净、沥干，放入冰箱中冷冻约15分钟，再取出切厚片，备用；葱切段，备用。

② 热锅入色拉油，爆香葱段、姜片、大蒜，再放入猪五花肉片，炒至肉变色且微焦，续放入八角与桂皮，再加入所有调料，炒香后熄火，并全部移入到一砂锅中。

③ 砂锅中加入水烧开，烧开后转小火，并盖上锅盖，继续炖煮约90分钟，盛出盖在米饭上即可。

备注：食用时可搭配卤笋丝。

香椿卤肉饭

材料

猪五花肉	400克
蒜末	10克
姜末	20克
鲜香椿	40克
水	700毫升
色拉油	3大匙

调料

酱油	60毫升
素蚝油	30毫升
冰糖	1/2大匙
盐	少许
料酒	2大匙

做法

1. 鲜香椿洗净切末；猪五花肉洗净切丝，备用。

2. 热锅入色拉油，加入蒜末和姜末爆香，再放入猪五花肉丝，炒至变色。

3. 向锅中加入所有调料炒香，再倒入水烧开，转小火继续炖煮40分钟。

4. 再放入香椿末，煮至入味，盛出盖在米饭上即可。

瓜仔肉臊饭

材料

胛心肉	500克
腌黄瓜	250克
蒜末	15克
姜末	5克
高汤	800毫升
色拉油	3大匙

调料

盐	少许
冰糖	少许
鸡精	1/2小匙
料酒	2大匙
酱油	2大匙

做法

1. 腌黄瓜切碎，备用。

2. 热锅入色拉油，爆香蒜末、姜末，续加入绞碎的胛心肉翻炒，炒至肉变色，再加入所有调料与腌黄瓜碎翻炒均匀。

3. 向锅中加入高汤，烧开后，转小火继续炖煮约40分钟，盛出盖在米饭上即可。

美味应用

常见的瓜仔肉臊饭有两种，一种用料为浅色的腌黄瓜，另一种用料为深色的腌黄瓜。浅色腌黄瓜香气浓，常会添加姜蒜末烹煮；深色腌黄瓜咸味较重，较能开胃下饭。风味各有不同，口味可依个人喜好而定。

笋丁卤肉饭

材料
猪五花肉400克，竹笋200克，蒜末20克，
红葱酥10克，水1000毫升，色拉油3大匙

调料
酱油90毫升，冰糖1小匙，味啉3大匙，
料酒1大匙，白胡椒粉少许

做法
1. 猪五花肉洗净，切细丁；竹笋切细丁，备用。
2. 热锅，加入色拉油，加入蒜末爆香，放入
   猪五花肉丁，炒香至颜色变白。
3. 在锅中放入所有调料炒香，加入竹笋丁炒
   匀，再加入水烧开，转小火炖煮40分钟。
4. 最后加入红葱酥，继续炖煮15分钟，盛出
   盖在米饭上即可。

香葱肉燥饭

材料
猪肉馅600克，葱末60克，香菜梗末15克，
水1000毫升，色拉油3大匙

调料
酱油100毫升，美极鲜20毫升，冰糖1大匙，
料酒2大匙，盐、白胡椒粉各少许

做法
1. 热锅，加入色拉油，加入葱末爆香，再加
   入香菜梗末翻炒均匀，全部盛出。
2. 放入猪肉馅，炒香至颜色变白，再放入所
   有调料炒香，加入水烧开，转小火炖煮45
   分钟。
3. 再放入炒香的葱末和香菜梗末，继续炖煮
   10分钟，盛出盖在米饭上即可。

咖喱卤肉饭

材料
猪五花肉	500克
蒜末	20克
洋葱末	50克
椰奶	20毫升
水	900毫升
色拉油	3大匙

调料
咖喱粉	25克
盐	1小匙
白糖	1小匙
料酒	1大匙

做法

1. 猪五花肉洗净，切细丁备用。

2. 热锅，加入色拉油，加入蒜末、洋葱末爆香，即成蒜酥、洋葱酥，取出一半备用。

3. 在锅中放入猪五花肉丁炒至变色，加入咖喱粉炒香，再加入剩余调料炒均匀。

4. 加入水烧开，转小火炖煮40分钟，再放入另一半的蒜酥和洋葱酥，继续炖煮15分钟，最后加入椰奶，卤至入味，盛出盖在米饭上即可。

备注：食用时可搭配香芹，风味更佳。

炸酱卤肉饭

材料
猪肉馅400克，豆干200克，蒜末10克，水800毫升，豌豆仁、洋葱末各30克，色拉油4大匙

调料
甜面酱、豆瓣酱各2大匙，酱油1大匙，白糖1/2大匙

做法
1. 豆干洗净切细丁，备用。
2. 热锅，加入色拉油，放入豆干丁，炒香取出，备用；加入洋葱末和蒜末爆香，再加入猪肉馅炒香至颜色变白。
3. 再放入调料炒香，加入水烧开，转小火继续炖煮45分钟，再将炒香的豆干丁及豌豆仁加入拌匀，继续炖煮入味，盛出盖在米饭上即可。

萝卜干肉燥饭

材料
猪肉馅600克，萝卜干120克，洋葱末10克，蒜末20克，水1100毫升，色拉油2大匙

调料
酱油70毫升，冰糖1/2大匙，料酒2大匙，白胡椒粉少许

做法
1. 萝卜干洗净，沥干备用。
2. 热锅，加入色拉油，加入蒜末爆香，再加入萝卜干炒香后取出，备用。
3. 在锅中放入洋葱末爆香，再加入猪肉馅，炒香至颜色变白。
4. 再放入所有调料炒香，加入水烧开，转小火炖煮40分钟，再放入萝卜干拌匀，继续炖煮15分钟，盛出盖在米饭上即可。

备注：食用时可搭配腌小黄瓜。

西红柿卤肉饭

材料
猪五花肉400克，西红柿2个，蒜末20克，
水800毫升，色拉油适量

调料
番茄酱5大匙，酱油1/2大匙，冰糖1大匙，
盐、白胡椒粉各少许

做法
1. 猪五花肉洗净，切细丁；西红柿洗净，划十字，入沸水中氽烫后，去皮切细，备用。
2. 热锅，加入色拉油，加入西红柿丁，炒1分钟后取出。
3. 再加入少许色拉油，放入蒜末爆香，加入肉丁炒至变色，再放入所有调料炒香。
4. 再加入水烧开，转小火炖煮40分钟，最后放入炒过的西红柿丁，继续炖煮15分钟，盛出盖在米饭上即可。

蒸蛋肉臊饭

材料
猪肉馅300克，鸡蛋1个，红葱末30克，蒜酥5克，
水600毫升，色拉油3大匙

调料
酱油50毫升，盐、五香粉、白胡椒粉各少许，
冰糖1/2大匙，料酒2大匙

做法
1. 鸡蛋打入碗中，加入20毫升的水（分量外）搅拌均匀，放入蒸锅中蒸熟，取出待凉后，切小丁状备用。
2. 热锅，加入色拉油，加入红葱末爆香成金黄色后取出，即成红葱酥，备用。
3. 在锅中放入猪肉馅，炒香至颜色变白，放入所有调料炒香，加入水烧开，转小火继续炖煮30分钟，放入鸡蛋丁。
4. 再放入红葱酥和蒜酥，继续炖煮25分钟，盛出盖在米饭上即可。

香菇素肉丝饭

材料

素肉丝60克，香菇30克，咸冬瓜50克，姜末10克，水1200毫升，色拉油80毫升

调料

酱油120毫升，盐1/2小匙，冰糖1大匙，白胡椒粉、蘑菇精各少许，香油1小匙

做法

1. 香菇洗净、泡软，切小丁备用。
2. 素肉丝加热水泡软，泡软后捞起、沥干，切小丁，备用。
3. 热锅，倒入色拉油，爆香姜末，加入香菇丁炒香，续放入素肉丝丁翻炒，接着加入咸冬瓜、所有调料与水烧开。
4. 转小火，继续炖煮约30分钟至入味，搭配米饭吃即可。

酸菜素肉丝饭

材料

素肉丝150克，姜末20克，酸菜200克，水600毫升，色拉油5大匙

调料

酱油60毫升，冰糖10克，香油1大匙，白胡椒粉少许

做法

1. 素肉丝用热水泡软，洗净、沥干、切末，备用。
2. 酸菜洗净、沥干、切细，备用。
3. 热锅，加入色拉油，加入姜末爆香，再加入素肉末和酸菜丝翻炒。
4. 放入所有调料炒香，加入水烧开，转小火继续炖煮20分钟，盛出盖在米饭上即可。

可乐卤肉饭

材料
猪五花肉600克，洋葱末30克，可乐250毫升，
水800毫升，色拉油3大匙

调料
酱油90毫升，盐1/2小匙，
五香粉、白胡椒粉各少许

做法
① 猪五花肉洗净，切条状，备用。
② 热锅，加入色拉油，加入洋葱末爆香至金
黄色后取出，即成红葱酥。
③ 在锅中放入猪五花肉条，炒至油亮，放入
所有调料炒香，加入可乐和水烧开，转小
火炖煮40分钟。
④ 最后放入红葱酥，继续炖煮15分钟，盛出
盖在米饭上即可。

备注：上桌时可搭配辣萝卜干一起食用。

素肉丝臊饭

材料
素肉丝200克，姜末30克，胡麻油15毫升，
水700毫升，色拉油4大匙

调料
酱油100毫升，素蚝油1大匙，冰糖1/2大匙，
五香粉、白胡椒粉、肉桂粉各少许

做法
① 素肉丝用热水泡软，洗净，沥干切末，备用。
② 热锅，加入色拉油，加入姜末爆香至微焦，
再加入素肉丝末和胡麻油炒香。
③ 再放入调料炒香，加入水烧开，转小火继续
炖煮20分钟，盛出盖在米饭上即可。

备注：上桌时可搭配嫩姜片和香菜一起食用，风味
更佳。

PART 3

异国风味美食

不只中餐中有卤肉菜肴，其他国家的菜品中卤肉、炖肉也是不可或缺的。带有浓郁地方特色的卤肉、炖肉，别有风情、口味独特，特殊的香料和食材让卤肉更入味，如红酒炖肉、咖喱炖肉等。

异国风味卤肉制作解答

为什么牛肉炖好后是散烂的？

这是因为在炖煮前，汆烫好的牛肉未经过冷却。若将牛肉汆烫后冷却再切块，肉块就不会松散；而肉块如果切太小，炖煮的时间较长的话，也容易松散。

有些卤肉、炖肉为什么隔夜存放后，反而比较好吃？

这是因为某些肉类或是食材（例如牛肉、红酒、咖喱等）会释放出酵素或是甜味，让肉更入味、口感更好。

如何判断肉卤熟没？

肉品的部位不同，肉质也就不同，所以炖煮至熟的时间也不一样。可以拿筷子或是竹签戳戳看，若能很轻易戳下去就代表熟了。至于软烂程度，则可依照个人口感调整炖煮的时间。

卤汁太油腻怎么办？

为了让卤汁、卤肉油亮顺口，经常会使用含脂肪量较多的肉，所以常会出现卤汁表面浮着一层厚厚油脂的情况。除了直接用汤匙捞出外，也可以先将卤汁放入冰箱冷藏，至表面脂肪凝固后，再用汤匙捞出。

红酒炖牛肉

材料

牛肋条	600克
西芹	200克
胡萝卜	200克
洋葱	200克
培根块	150克
蘑菇	150克
红酒	1000毫升
月桂叶	10片
奶油	适量
牛骨高汤	500毫升

做法

1. 牛肋条洗净切块；西芹洗净切段；胡萝卜洗净去皮切块；洋葱洗净去皮切块；一起放入大碗中，倒入红酒，放入冰箱冷藏，腌渍一晚，备用。
2. 取出大碗，以滤网过滤出红酒，将牛肋条块和其余蔬菜分开，备用；取一锅，倒入过滤出的红酒，将红酒熬煮浓缩至一半，备用。
3. 热锅，放入少许奶油，加热至奶油融化，加入牛肋条块煎至上色，取出备用。
4. 另热一锅，加入少许奶油，加热至奶油融化，放入所有蔬菜块炒香。
5. 倒入浓缩后的红酒，加入煎好的牛肋条块、牛骨高汤、月桂叶、培根块、蘑菇，用小火炖煮约40分钟，至牛肋条软烂后，捞出月桂叶即可。

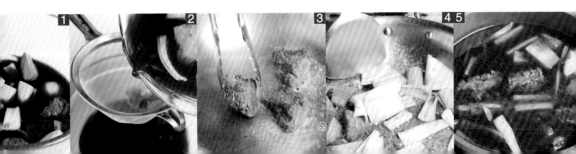

德式炖牛肉

🥘 材料

牛肩肉块	1000克
胡萝卜块	100克
洋葱	1个
红酒	400毫升
红酒醋	200毫升
杜松子	30克
月桂叶	2片
奶油	25克
高汤	250毫升
低筋面粉	少许
丁香	适量

🧂 调料

白糖	适量
水淀粉	少许

🍲 做法

❶ 洋葱洗净、切块；将牛肩肉块、胡萝卜块、洋葱块一起放入大碗中，再加入月桂叶、杜松子、丁香、红酒以及红酒醋，浸泡腌渍约4小时，备用。

❷ 取出大碗，以滤网过滤出汤汁，将牛肩肉块和其余蔬菜分开，备用。

❸ 取一锅，倒入滤出的汤汁，将汤汁熬煮浓缩至一半，备用。

❹ 将牛肋条沾上一层薄薄的低筋面粉；热锅，放入少许奶油（分量外），加热至奶油融化，加入牛肋条块煎至上色，取出备用。

❺ 另热锅，加入材料中的奶油和所有蔬菜块，炒香后，倒入浓缩后的汤汁、高汤以及煎好的牛肩肉块，以小火炖煮约40分钟，至牛肋条软烂，加入白糖和少许水淀粉拌匀即可。

米兰式炖小羊膝

材料
小羊膝1只，西芹碎、胡萝卜碎各60克，
洋葱碎100克，胡萝卜块、奶油各50克，
甜豆5根，去皮西红柿1罐，红酒150毫升，
鸡汤500毫升，月桂叶3片，干辣椒1个，
迷迭香、低筋面粉各适量

调料
盐、胡椒粉各适量

做法
1. 小羊膝洗净，加盐和胡椒粉抓匀，并沾上
   少许低筋面粉。
2. 热锅，放入少许奶油，加热至奶油融化，
   将小羊膝煎至上色，备用。
3. 热锅，加入干辣椒、月桂叶以及洋葱碎，
   炒至洋葱碎软化，再加入奶油、西芹碎、
   胡萝卜碎炒香。
4. 于锅中倒入红酒，略收汁后，加入去皮西红
   柿、迷迭香、鸡汤及小羊膝、胡萝卜块、甜豆，
   以小火炖煮约40分钟，至小羊膝软烂即可。

泰式红咖喱炖鸡

材料
去骨鸡腿肉400克，黄瓜200克，洋葱30克，
蟹味菇50克，柠檬香茅2支，红咖喱1小包，
椰奶60毫升，奶油适量，高汤200毫升

调料
盐、胡椒粉各适量

做法
1. 去骨鸡腿肉切大丁，加入盐和胡椒粉抓匀；
   洋葱切碎；柠檬香茅切碎；黄瓜切厚片。
2. 热锅，放入奶油，加热至融化，加入洋葱碎炒
   至软化，再加入红咖喱、柠檬香茅碎炒香，续
   加入蟹味菇、去骨鸡腿肉丁、黄瓜片略炒。
3. 将高汤倒入锅中，以小火炖煮约20分钟，至
   去骨鸡腿肉丁软烂，起锅前，倒入椰奶拌匀
   即可。

和风味噌炖牛肉

🥩 材料
芜菁、小胡萝卜、小洋葱各200克，
牛骨高汤1500毫升，煮熟牛腱块400克

🧂 调料
味噌2大匙，白糖1小匙

🍳 做法
1. 芜菁去皮切块；小胡萝卜洗净；小洋葱剥皮洗净，备用。
2. 取一汤锅，放入牛骨高汤后，再放入煮熟牛腱块，以小火煮约20分钟。
3. 再放入芜菁块、小胡萝卜、小洋葱和所有调料，一起继续炖煮约20分钟即可。

彩椒洋葱炖鸡

🥩 材料
去骨鸡腿肉400克，洋葱30克，
红甜椒、黄甜椒各1/2个，奶油适量，
黑橄榄、绿橄榄各3颗，高汤500毫升

🧂 调料
盐、胡椒粉各少许，意大利综合香料适量

🍳 做法
1. 去骨鸡腿肉洗净，加入盐和胡椒粉抓匀，备用。
2. 热锅，加入少许奶油，加热至融化，将去骨鸡腿肉煎至两面上色，取出切块备用。
3. 红、黄甜椒洗净去籽，切条备用；洋葱洗净去皮，切丝备用；黑、绿橄榄切片备用。
4. 热锅，放入少许奶油，加热至奶油融化，加入洋葱丝，炒软炒香后，依序加入红、黄甜椒条，再加入黑、绿橄榄片，高汤以及意大利综合香料，烧开，转小火，加入去骨鸡腿肉块，以小火炖煮约30分钟，至去骨鸡腿肉软烂即可。

匈牙利式炖牛肉

🍽 材料

牛肩肉	300克
大蒜	1瓣
洋葱	1个
西芹段	50克
胡萝卜块	80克
月桂叶	2片
奶油	适量
匈牙利红椒粉	1匙
去皮西红柿	1罐
低筋面粉	少许

🧂 调料

盐	适量
胡椒粉	适量

📋 做法

❶ 牛肩肉洗净切块，加入盐和胡椒粉抓匀，再沾上一层薄薄的低筋面粉；热锅，放入少许奶油，加热至奶油融化，放入牛肩肉块煎至上色。

❷ 洋葱去皮切块；大蒜切碎，备用。

❸ 另热一锅，放入少许奶油，加热至奶油融化，加入月桂叶、洋葱块、大蒜碎、西芹段、胡萝卜块，翻炒至洋葱软化、稍微上色。

❹ 于锅中放入煎好的牛肩肉块略炒，加入匈牙利红椒粉翻炒均匀，再放入去皮西红柿，以小火炖煮约40分钟，至牛肩肉块软烂即可。

啤酒炖牛肉

🍖 材料

牛肋条	250克
西芹	50克
洋葱	50克
胡萝卜	1根
芦笋	60克
蘑菇	4朵
啤酒	1000毫升
牛肉汁	500毫升
奶油	适量
低筋面粉	适量

🧂 调料

盐	适量
胡椒粉	少许

📖 做法

❶ 牛肋条洗净切块；西芹洗净，切段；胡萝卜洗净，去皮，切块；洋葱洗净，去皮，切块；一起放入大碗中，倒入啤酒，放入冰箱冷藏，腌渍一晚，备用。

❷ 取出大碗，以滤网过滤出啤酒，将牛肋条块和其余蔬菜分开，备用。

❸ 取一锅，倒入滤出的啤酒，将啤酒熬煮浓缩至一半，备用。

❹ 将牛肋条沾上一层薄薄的低筋面粉；热锅，放入少许奶油，加热至奶油融化，加入牛肋条块煎至上色，取出备用。

❺ 另取一锅，加入少许奶油，加热至奶油融化，放入所有蔬菜，炒香后，倒入啤酒，加入牛肋条块、牛肉汁，以小火炖煮约50分钟，至牛肋条软烂，加入调料拌匀即可。

意大利肉酱

材料
牛肉馅1000克，胡萝卜碎、西芹碎各100克，洋葱碎175克，去皮西红柿1罐，红酒17毫升，市售鸡汤300毫升，月桂叶2片，黄汁粉30克，奶油适量

调料
盐少许，综合香料、黑胡椒粉各适量

做法
1. 热锅，加入少许奶油，加热至融化，加入月桂叶和洋葱碎，炒香后，放入西芹碎、胡萝卜碎，炒至软化后，加入牛肉馅翻炒。
2. 将牛肉馅炒香，倒入红酒，略微收汁后，加入鸡汤、去皮西红柿、黄汁粉、综合香料以及黑胡椒粉，以小火炖煮约30分钟，加入盐拌匀即可。

咖喱巴拿马炖鸡

材料
鸡腿肉400克，色拉油1.5大匙，西芹碎40克，月桂叶1片，洋葱120克，皮萨草1/4茶匙，蒜碎15克，番茄酱25毫升，白酒50毫升，鸡高汤1000毫升，青椒、红甜椒各1/2个

调料
咖喱粉1.5大匙，黑胡椒粉、白糖、盐各适量，姜黄粉、芥末粉各1茶匙，匈牙利红椒粉1/4茶匙

做法
1. 洋葱、青椒、红甜椒均切小丁；鸡腿肉去骨，切大块备用。
2. 热锅，加入色拉油，以中火炒香月桂叶、洋葱、蒜碎、西芹碎，再放入鸡腿肉翻炒3~5分钟，至鸡腿肉呈金黄色。
3. 将所有调料放入锅中，继续翻炒至香味溢出，再加入番茄酱、鸡高汤煮约8分钟，最后放入白酒、青椒丁、红甜椒丁，再煮约5分钟即可。

果汁烧牛腩

🥩 材料

牛腩	600克
菠萝	80克
苹果	1个
洋葱	150克
胡萝卜	80克
柳橙汁	100毫升
牛肉汤	800毫升
色拉油	1大匙

🍶 调料

番茄酱	1茶匙
盐	1大匙
白糖	适量
白醋	适量
水淀粉	2大匙

🍳 做法

❶ 整块牛腩放入沸水中余烫（水量以淹过牛腩约4厘米为宜），待水沸腾后，转小火煮约40分钟即熄火，加锅盖闷约20分钟，即可捞出牛腩放凉。

❷ 把放凉后的牛腩切成约3×6厘米大块；胡萝卜切滚刀块；洋葱切片；菠萝切厚片；苹果切小片，备用。

❸ 取一不锈钢炒锅，烧热后，加色拉油，放入洋葱片炒香，加入牛腩块炒约2分钟。

❹ 加入牛肉汤、苹果片、菠萝片、柳橙汁、胡萝卜块与白糖，煮沸后，转小火，加入白醋，以小火炖煮约30分钟。

❺ 再加入番茄酱和盐，继续炖煮约10分钟，最后以水淀粉勾芡即可。

泰式酸辣牛肉

材料
熟牛腱1/2块，西红柿、柠檬各1个，洋葱20克，香茅3根，牛肉汤1000毫升，色拉油1大匙

调料
泰式酸辣酱1大匙，白糖2大匙，水淀粉2茶匙

做法
1. 熟牛腱切块；西红柿、洋葱切块；柠檬榨汁；香茅切段，备用。
2. 取一不锈钢炒锅，烧热后，加色拉油，再放入洋葱炒香，加入牛肉汤共煮，煮沸后转小火。
3. 向锅中放入香茅段、柠檬汁及泰式酸辣酱，以小火煮约30分钟，再加入西红柿块和白糖，继续炖煮约10分钟，最后再以水淀粉勾芡即可盛盘。

香根胡萝卜牛肉

材料
胡萝卜180克，牛肉70克，香菜50克，大蒜3瓣，姜5克，水500毫升

调料
盐、白胡椒粉各少许，香油1小匙

做法
1. 先将牛肉切成块状，再将牛肉放入沸水中汆烫，去除血水备用。
2. 把胡萝卜削去外皮后，切成块状；大蒜、姜均切片；香菜洗净后，只取梗的部分，切碎，备用。
3. 取一个汤锅，将牛肉块、胡萝卜块、大蒜片、姜片、适量水与所有调料一起加入。
4. 将汤锅盖上锅盖，以小火炖煮约20分钟，起锅前，再将切好的香菜梗碎加入即可。

和风鸡肉咖喱

材料
鸡腿肉400克，苹果、土豆各1个，胡萝卜1根，西蓝花、葡萄干各适量，原味酸奶60毫升，姜末、蒜末各10克，水500毫升，油3大匙

调料
咖喱块60克，酱油18毫升，白糖适量

做法
① 鸡腿肉洗净沥干，切成块状。

② 苹果、土豆和胡萝卜均洗净、去皮、切块，泡入水中备用。

③ 西蓝花洗净，切成小朵状，放入沸水中，氽烫成翠绿色，捞起，泡入冷水中备用。

④ 取锅，加入油烧热，放入姜末、蒜末爆香后，放入鸡腿肉煎至金黄色，再加入苹果块、土豆块、胡萝卜块翻炒，加入水烧开后，改中小火，炖煮至食材变软，加入酱油、白糖调味，再放入咖喱块、西蓝花，边煮边搅拌至咖喱块完全融化，起锅前，再加入原味酸奶拌匀，撒上葡萄干即可。

和风蔬菜炖肉

材料
猪里脊肉1000克，土豆1个，胡萝卜1/2根，芦笋60克，杏鲍菇1朵

酱汁
酱油200毫升，味啉100毫升，清酒50毫升，白糖30克

做法
① 煮沸一锅水，放入猪里脊肉氽烫至肉色变白，捞出切块备用。

② 胡萝卜洗净、去皮、切块；芦笋洗净、去皮、切段；土豆洗净切块；杏鲍菇洗净切块，备用。

③ 将所有酱汁调匀，倒入锅中，放入猪里脊肉块、胡萝卜块、芦笋段、土豆块、杏鲍菇，以小火炖煮约30分钟，至猪里脊肉块软烂即可。

茄汁腰豆炖猪肉

🥘 材料

猪里脊肉	1000克
洋葱	30克
大蒜	1瓣
葱	20克
西红柿	1个
白腰豆	1罐
高汤	250毫升
奶油	适量
去皮西红柿	1罐
低筋面粉	适量

🧂 调料

盐	适量
胡椒粉	适量
意大利综合香料	适量

📋 做法

1. 大蒜、葱、洋葱去皮，切碎；西红柿洗净，切小丁，备用。

2. 白腰豆泡入冷水中，至软化膨涨，备用。

3. 猪里脊肉洗净，切大丁，加入盐和胡椒粉抓匀，再沾上薄薄的低筋面粉；热锅，加入少许奶油，加热至融化，放入猪里脊肉丁煎至上色，取出切块备用。

4. 另热一锅，加入少许奶油，加热至融化，放入洋葱碎炒香，加入葱碎、蒜碎，炒至金黄色后，加入西红柿丁、白腰豆、去皮西红柿、意大利综合香料、猪里脊肉块以及高汤，以小火炖煮约40分钟，至猪里脊肉块软烂，加入剩余调料拌匀即可。

爪哇猪肉

材料
梅花肉400克，胡萝卜100克，洋葱120克，奶油40克，蒜碎1/2茶匙，柠檬叶4片，水300毫升，椰奶100毫升，牛奶500毫升

调料
白糖1大匙，白酒少许，盐、淀粉各少许，爪哇咖喱块100克，酱油1.5大匙

做法
1. 将梅花肉、胡萝卜、洋葱切成小块，备用。
2. 热锅，加奶油，以中小火将洋葱块、蒜碎、胡萝卜块、柠檬叶炒1~2分钟，至香味出来后，加入梅花肉、酱油、白糖、白酒，炒3~5分钟，至梅花肉呈现金黄色后，加水继续炖煮约20分钟至梅花肉软烂。
3. 将椰奶、牛奶、爪哇咖喱块、盐放入锅中，以小火煮约5分钟即可。

咖喱炖肉豆

材料
色拉油3大匙，胡萝卜碎少许，洋葱碎50克，蒜碎10克，红辣椒碎15克，月桂叶1片，茄子丁120克，猪肉馅150克，扁豆仁100克，牛骨高汤500毫升

调料
辣椒粉1/8茶匙，姜黄粉1/2茶匙，印度辛香料粉1茶匙，料酒20毫升，黑胡椒粉、白糖、盐各适量

做法
1. 热锅，放色拉油，以中小火炒香胡萝卜碎、洋葱碎、蒜碎、红辣椒碎、月桂叶，加入茄子丁、猪肉馅、料酒翻炒约2分钟，再加入辣椒粉、姜黄粉、印度辛香料翻炒约1分钟至入味。
2. 在锅中加入扁豆仁、牛骨高汤，烧开后，以黑胡椒粉、白糖、盐调味，再转小火，继续炖煮约10分钟即可。

红酒蘑菇炖鸡

材料
蘑菇150克，鸡腿600克，蒜末20克，
洋葱60克，西芹50克，红酒200毫升，
水300毫升，油约2大匙

调料
盐1/2茶匙，白糖1大匙

做法
1. 鸡腿剁小块，氽烫后沥干；洋葱、西芹均切小块，备用。
2. 热锅，倒入油，放入蒜末、洋葱块及西芹块，以小火爆香后，放入鸡腿块及蘑菇炒匀。
3. 加入红酒及水，煮沸后，盖上锅盖，转小火继续炖煮约20分钟。
4. 煮至鸡腿肉熟后，加入盐及白糖调味，续煮至汤汁略稠即可。

意式蘑菇炖鸡

材料
去骨鸡腿肉600克，洋葱20克，黑橄榄5颗，
蘑菇、香菇各100克，番茄酱1罐，奶油适量，
高汤500毫升

调料
盐、胡椒粉各适量

做法
1. 去骨鸡腿肉洗净，加入少许盐和胡椒粉抓匀；热锅，加入少许奶油，加热至融化，将去骨鸡腿肉煎至两面上色，取出切块备用。
2. 洋葱洗净、去皮、切丁；蘑菇、香菇洗净、切厚片，备用。
3. 热锅，放入少许奶油，加热至奶油融化，加入洋葱丁炒至软化，加入香菇片、蘑菇片炒香，再加入黑橄榄、番茄酱以及高汤，烧开后，加入去骨鸡腿肉块，以小火煮约30分钟，至去骨鸡腿肉软烂，加入剩余调料拌匀即可。

酸奶咖喱鸡

🥘 材料

去骨鸡腿肉	600克
杏鲍菇	100克
土豆	1个
胡萝卜	30克
洋葱	30克
蟹味菇	50克
原味酸奶	1小盒
高汤	300毫升
奶油	适量

🧂 调料

咖喱粉	40克
盐	适量
胡椒粉	少许

📦 做法

❶ 去骨鸡腿肉切大丁，加入盐和胡椒粉抓匀。

❷ 热锅，放入少许奶油，加热至奶油融化，放入去骨鸡腿肉丁，煎至上色。

❸ 土豆、胡萝卜、洋葱均去皮，切大丁；杏鲍菇切大丁，备用。

❹ 另热一锅，放入少许奶油，加热至奶油融化，加入洋葱丁炒至软化，加入土豆丁、胡萝卜丁、杏鲍菇丁以及蟹味菇炒香。

❺ 再加入咖喱粉略炒后，倒入高汤和去骨鸡腿肉丁，以小火炖煮约30分钟，至去骨鸡腿肉软烂，起锅前，再加入原味酸奶炖煮约2分钟即可。

意式橄榄炖小肋排

🍲 材料
猪小肋排300克，黑橄榄、绿橄榄各5颗，
洋葱50克，西红柿1个，鸡高汤500毫升，
奶油适量，白酒少许

🍶 调料
意大利综合香料适量，盐、胡椒粉各少许

🍴 做法
❶ 猪小肋排洗净切块，加入盐和胡椒粉抓匀；
热锅，加入少许奶油，加热至融化，将猪小肋
排块煎至两面上色，取出备用。

❷ 西红柿洗净，去皮去籽，切丁；洋葱洗净去
皮，切碎；黑、绿橄榄均切片，备用。

❸ 热锅，放入少许奶油，加热至奶油融化，加
入洋葱碎炒软，再加入西红柿丁、白酒、鸡
高汤、意大利综合香料、黑橄榄片、绿橄榄
片以及煎好的猪小肋排块，以小火炖煮约
40分钟，至猪小肋排块软烂即可。

咖喱苹果炖肉

🍲 材料
梅花肉300克，苹果1个，胡萝卜块50克，
洋葱块30克，香芹末适量，鸡高汤1000毫升

🍶 调料
咖喱粉2大匙，鸡精1/2小匙

🍴 做法
❶ 苹果去皮、去核，切块备用。

❷ 梅花肉切块，放入沸水中略微汆烫，捞出洗
净，沥干水分备用。

❸ 热锅，倒入少许油，放入梅花肉块，以小火
煎至表面呈金黄色，放入洋葱块炒香。

❹ 于锅中放入胡萝卜块、苹果块以及咖喱粉炒
香，倒入鸡高汤和鸡精，以大火烧开，盖上锅
盖，留少许缝隙，改小火炖煮约30分钟，盛盘
后，撒上香芹末即可。

普罗旺斯炖鸡肉

材料

去骨鸡腿肉	400克
奶油	适量
西红柿	200克
茄子	200克
洋葱	200克
红甜椒	100克
黄甜椒	100克
水	适量

调料

盐	少许
胡椒粉	少许
西红柿糊	50克
普罗旺斯综合香料	适量

做法

❶ 去骨鸡腿肉洗净，加入盐和胡椒粉抓匀备用。

❷ 热锅，加入少许奶油，加热至融化，将去骨鸡腿肉煎至两面上色，取出切块备用。

❸ 西红柿、茄子均洗净，切大丁；红甜椒、黄甜椒均洗净，去籽，切大丁；洋葱洗净去皮，切大丁，备用。

❹ 热平底锅，放入少许奶油，加热至融化，加入普罗旺斯综合香料、洋葱丁、红甜椒丁、黄甜椒丁、西红柿丁、茄子丁，炒香后加入西红柿糊以及适量的水至盖满材料。

❺ 于锅中加入去骨鸡腿肉块，以小炖煮约30分钟，至去骨鸡腿肉块软烂即可。

辣味椰奶鸡

材料
去骨鸡腿肉400克，鸡高汤150毫升，葱10克，红辣椒、柠檬各1个，椰奶30毫升，奶油适量

调料
盐、胡椒粉各适量，沙茶酱3匙

做法
1. 去骨鸡腿肉切块，加入盐和胡椒粉抓匀备用。
2. 热锅，放入少许奶油，加热至奶油融化，放入去骨鸡腿肉块煎至上色。
3. 红辣椒、葱均切段；柠檬洗净，刮下柠檬皮，再取柠檬汁。
4. 热锅，加入少许奶油，放入红辣椒段、葱段炒香，加入去骨鸡腿肉块略炒。
5. 于锅中加入沙茶酱炒香，加入高汤、柠檬汁、柠檬皮及椰奶，以小火炖煮约20分钟，加入剩余调料拌匀即可。

苹果咖喱卤鸡翅

材料
鸡翅6只，苹果1/2个，大蒜10瓣，小茴香15克，桂枝、花椒各5克，八角3粒，油2小匙

调料
咖喱粉1大匙，酱油、盐、白糖各1/2小匙

做法
1. 将鸡翅清洗干净，备用。
2. 将除了鸡翅、苹果、大蒜之外的所有材料装入棉质卤包袋中，再用棉线捆紧，即为苹果咖喱卤包。
3. 将苹果咖喱卤包放入汤锅中，加入1000毫升清水，浸泡备用；将苹果切丁、大蒜拍松，备用。
4. 另取锅，烧热，加入油，把大蒜放入爆香，再放入苹果丁、咖喱粉一起翻炒，然后移入汤锅中，并向汤锅中放入咖喱卤包及其他调料一同烧开。
5. 将鸡翅放入锅中，用小火卤约15分钟，熄火后，再闷15分钟，直至鸡翅入味即可。

韩式辣炖牛筋

材料
葱120克，土豆2个（约240克），色拉油少许，煮软牛筋400克，牛骨高汤2000毫升

调料
韩国辣椒酱、韩国豆瓣酱各2大匙，白糖1茶匙，盐少许

做法
1. 葱洗净切段；土豆去皮切块；煮软牛筋切块，备用。
2. 起锅，加入色拉油，烧热后，放入葱段爆香，再放入土豆一起翻炒。
3. 放入韩国辣椒酱、韩国豆瓣酱炒香后，再加入牛筋块翻炒。
4. 放入牛骨高汤于锅中，以小火煮约30分钟，再加入白糖、盐调味后，继续炖煮至收汁即可。

蔬菜炖牛肉

材料
小圆白菜200克，西红柿240克，洋葱120克，煮熟牛腱块300克，牛骨高汤1000毫升，奶油、面粉各30克，蒜片10克

调料
西红柿糊2大匙，鸡精1茶匙

做法
1. 小圆白菜洗净切块；西红柿洗净切块；洋葱切片。
2. 起一锅，放入奶油，加热至融化后，放入蒜片炒香，再放入面粉炒匀。
3. 继续放入煮熟牛腱块、牛骨高汤一起拌匀，再放入西红柿糊，待汤汁烧开后，转小火继续炖煮约30分钟。
4. 放入小圆白菜、西红柿块、洋葱片，继续炖煮约15分钟，最后放入鸡精拌匀调味即可。

罗马式炖牛肉

🥘 材料
牛腱、胡萝卜各200克，去皮西红柿粒1罐，甜豆50克，蘑菇5朵，牛骨高汤500毫升，奶油适量

🧂 调料
盐适量，胡椒粉少许

🍲 做法
❶ 牛腱洗净切块，加入盐和胡椒粉抓匀备用。

❷ 胡萝卜去皮切块；甜豆洗净去粗丝，备用。

❸ 热锅，放入少许奶油，加热至奶油融化，放入牛腱块略炒后，加入胡萝卜块和甜豆炒香。

❹ 于锅中加入去皮西红柿粒、蘑菇和牛骨高汤，以小火炖煮约40分钟，至牛腱块软化收汁即可。

椰奶鸡肉

🥘 材料
鸡胸肉400克，红甜椒、青椒各60克，蒜末10克，洋葱50克，土豆150克，罗勒叶5克，色拉油2大匙，椰奶160毫升，水300毫升

🧂 调料
红咖喱酱2大匙，盐1/4茶匙，糖2茶匙

🍲 做法
❶ 鸡胸肉切小块，汆烫、捞起、洗净；红甜椒、青椒、洋葱、土豆均切小块，备用。

❷ 热锅，倒入色拉油，以小火爆香蒜末及洋葱块，再加入鸡胸肉、土豆块、青椒块、红甜椒块和红咖喱酱炒匀。

❸ 加入水，煮开后转小火，煮约5分钟，再加入剩余调料，煮约5分钟至土豆块变软，最后加入罗勒叶、椰奶略煮即可。

法式羊肉砂锅

🍖 材料
羊肩肉500克，低筋面粉少许，胡萝卜200克，西芹、洋葱各150克，百里香、奶油各适量，土豆1个，猪骨高汤1000毫升

🧂 调料
盐、胡椒粉各适量

🍲 做法
1. 羊肩肉洗净切块，加入盐和胡椒粉抓匀，再沾上低筋面粉，备用。
2. 西芹洗净切段；胡萝卜、洋葱、土豆洗净、去皮、切块，备用。
3. 热锅，放入少许奶油，加热至奶油融化，加入所有蔬菜块炒香备用。
4. 另热一锅，放入少许奶油，加热至奶油融化，将羊肩肉块煎至上色，倒入猪骨高汤、所有炒香的蔬菜块以及百里香，以小火炖煮约40分钟，至羊肩肉块软烂即可。

奶油土豆炖鸡

🍖 材料
去骨鸡腿肉400克，鸡胸肉100克，土豆2个，洋葱30克，香菇3朵，鲜奶油30克，高汤100毫升，月桂叶3片，奶油适量

🧂 调料
盐适量，胡椒粉少许

🍲 做法
1. 热锅，加入少许奶油，加热至融化，依序将去骨鸡腿肉和鸡胸肉煎至两面上色，取出切块，备用。
2. 土豆洗净、去皮、切块；香菇切片；洋葱洗净、去皮、切片，备用。
3. 热锅，加入月桂叶和洋葱片、香菇片炒香，倒入鲜奶油和高汤，稍煮后，加入去骨鸡腿肉块、鸡胸肉块以及土豆块，以小火炖煮约30分钟，至所有食材变软后，加入所有调料拌匀即可。

PART 4

快速电锅卤肉

其实电锅很适合用来做炖煮烹饪，尤其是电锅瞬间加温，且温度不易散失的优点，使炖卤的时间大大缩短。

好彩头封肉

材料

白萝卜600克，胡萝卜、洋葱各200克，
熟五花肉400克

调料

酱油、料酒各1杯，糖1大匙，色拉油少许

做法

① 白萝卜、胡萝卜去皮切块；洋葱去皮切块；
熟五花肉切块，备用。

② 电锅外锅洗净，按下开关加热，向内锅中放
入色拉油烧热，再放入洋葱块炒香，再依序
加入胡萝卜、白萝卜、熟五花肉块、酱油及
料酒，盖上锅盖，按下启动开关。

③ 约20分钟后，开盖，放入糖，盖回锅盖，
继续炖煮5分钟后，取出装盘即可。

美味应用　白水煮的五花肉，与萝卜一起用电饭锅炖，既省时又省力，天冷时还能将未吃完的部分留在锅中保温，想吃随时都是热的。

油豆腐炖肉

材料

油豆腐150克，猪五花肉250克，葱段30克，
姜片10克，八角4粒，万用卤包1包，
红辣椒1个，水300毫升

调料

酱油7大匙，白糖2大匙

做法

① 猪五花肉切小块，用开水汆烫；油豆腐切
小块；红辣椒切段，备用。

② 将猪五花肉块、油豆腐块、红辣椒段放入电
锅的内锅中，加入万用卤包、葱段、姜片、
八角、水及所有调料。

③ 电饭锅外锅加入1杯水，放入内锅，盖上锅
盖，按下电饭锅开关，待电饭锅开关跳起后，
再焖约20分钟即可。

茶香卤鸡翅

📋 材料

鸡翅	5只
葱	20克
姜	20克
水	1500毫升

🧂 卤包

草果	1颗
八角	5克
桂皮	6克
沙姜	6克
香叶	3克
甘草	4克
乌龙茶叶	15克

🧂 调料

酱油	500毫升
糖	100克
黄酒	100毫升
香油	适量

🍳 做法

1. 卤包材料全部放入棉袋中绑紧，备用。
2. 葱、姜拍松，放入锅中，倒入1500毫升水烧开，加入酱油。
3. 待再次煮沸后，加入糖、卤包，改小火煮约5分钟，至香味散发出来，再倒入黄酒，即为茶香卤汁。
4. 鸡翅洗净，沥干，放入煮沸的水中，汆烫约1分钟捞出，放入冷水中洗净。
5. 取内锅，倒入500毫升茶香卤汁及鸡翅，外锅加1/2杯水，按下开关，待开关跳起后，开锅盖，浸泡10分钟，即可盛盘，并淋上香油。

香卤牛腱

材料

牛腱	1块
卤包	1包
葱	10克
姜	20克

调料

酱油	1/2杯
糖	2大匙

做法

1. 牛腱用开水清洗；葱切段；姜切片。
2. 取内锅，放入牛腱及其他材料、调料及适量水于电锅内锅中，外锅加2杯水，盖上锅盖，按下启动开关。
3. 待开关跳起，续焖20分钟，再将牛腱取出放凉，切片摆盘，上桌前，淋上少许卤汁食用即可。

美味应用　　用电锅炖煮较方便，火候大小自动控制，不必时时查看锅内食物是否烧焦，也不需要随时翻动，煮出来的汤汁也很清澈。

红曲萝卜肉

梅花肉200克，胡萝卜100克，白萝卜500克，红葱酥、姜各10克，大蒜20克，万用卤包1包，水300毫升

调料
红曲酱2大匙，酱油3大匙，鸡精1小匙，糖1大匙

做法
1. 梅花肉切小块，用开水汆烫；大蒜及姜切碎；白萝卜及胡萝卜去皮后切小块，备用。
2. 将梅花肉块、姜碎、蒜碎、白萝卜块、胡萝卜块和红葱酥放入电锅内锅中，再加入万用卤包及所有调料，加适量水。
3. 电锅外锅加入1杯水，放入内锅，盖上锅盖，按下电锅开关，待电锅开关跳起后，再焖约20分钟后即可。

萝卜豆干卤肉

材料
豆干、胡萝卜各100克，五花肉块300克，白萝卜200克，水煮蛋2个，水1000毫升

卤包
酱油3大匙，糖1大匙，葱段5克，辣椒片、姜片各2克，市售卤包1包

做法
1. 豆干略冲水，洗净沥干；白萝卜和胡萝卜洗净、去皮、切块，备用。
2. 取锅，加入所有材料和卤包材料，电锅内锅再加适量水，外锅加入3杯水，按下电锅开关，煮至开关跳起即可。

红仁猪蹄

材料
猪蹄1000克，胡萝卜300克，沙参40克，玉竹20克

调料
盐1小匙，料酒2大匙

做法
1. 把猪蹄剁成块状；取锅，加水烧开后，将猪蹄块汆烫10分钟，捞起，用冷水洗净，备用。
2. 胡萝卜削皮，切成滚刀块状备用。
3. 将处理好的猪蹄块、胡萝卜及沙参、玉竹放入内锅中，并加入4碗水，外锅加2杯水，按下开关，炖煮50分钟后，加入所有调料，再焖10分钟即可。

绍兴猪蹄

材料
猪蹄300克，葱段、姜片各40克，水150毫升

调料
盐、白糖各1/2小匙，黄酒100毫升

做法
1. 将猪蹄剁小块，放入沸水中汆烫约2分钟洗净，再放入电锅内锅中，备用。
2. 葱段、姜片、所有调料及适量水也加入内锅中。
3. 电锅外锅加入1杯水，放入内锅，盖上锅盖，按下电锅开关。
4. 待电锅开关跳起，焖约20分钟后，外锅再加入1杯水，按下电锅开关再蒸一次，再次跳起后，焖约20分钟即可。

富贵猪蹄

材料
猪蹄1只，水煮蛋6个，葱10克，姜片20克，色拉油少许，水6杯

调料
酱油1杯，糖2大匙

做法
1. 猪蹄切块，以热水冲洗干净；葱切段；姜切片；水煮蛋剥壳，备用。
2. 电锅内锅洗净，按下开关加热，锅热后，放入少许色拉油，再加入猪蹄，煎到皮略焦黄。
3. 将葱段、姜片、酱油、糖、水及水煮蛋放入内锅中，盖上锅盖，按下开关，煮约40分钟后开盖，取出盛盘即可。

花生焖猪蹄

材料
猪蹄1400克，花生300克，姜片30克，水1400毫升

调料
料酒50毫升，盐1茶匙，白糖1/2茶匙

做法
1. 猪蹄剁块，放入沸水中汆烫去血水；花生泡水60分钟至软，备用。
2. 将所有材料、料酒放入电锅内锅中，外锅加1杯水（分量外），盖上锅盖，按下开关，待开关跳起，再加1杯水（分量外），按下开关，再煮一次，待开关跳起，焖20分钟后，加入其余调料即可。

卤肉燥

材料
熟五花肉350克，黄豆干10块，洋葱10克，大蒜15瓣，水2杯，色拉油1小匙

调料
糖1大匙，酱油1大匙，料酒2大匙，盐、鸡精、白胡椒粉各1小匙

做法
1. 熟五花肉、黄豆干切小丁；大蒜、洋葱均切碎状，备用。
2. 电锅预热，内锅加色拉油，再加入洋葱碎爆香，再加入熟五花肉丁炒至变色。
3. 加入大蒜炒出香气，再加入黄豆干炒匀。
4. 加入所有调料炒匀，再加入水，盖上锅盖，焖约30分钟即可。

胡萝卜炖牛腱

材料
牛腱300克，胡萝卜200克，葱段40克，姜片20克，水300毫升

调料
酱油80毫升，白糖2大匙

做法
1. 将胡萝卜去皮，洗净后切块；牛腱切小块，放入沸水中氽烫约1分钟后洗净，与胡萝卜块放入电锅内锅中，加入姜片、葱段、水及所有调料。
2. 电锅外锅加入1杯水，放入内锅，盖上锅盖，按下电锅开关，待电锅开关跳起，焖约20分钟。
3. 外锅再加入1杯水，按下电锅开关，再蒸一次，开关跳起后，再焖约20分钟即可。

笋丝焢肉

📋 **材料**
猪五花肉片300克，笋丝50克，葱段5克

📋 **调料**
鸡精、冰糖各1/2小匙，酱油1大匙

📋 **做法**
1. 将猪五花肉片用热水略冲洗，沥干备用。
2. 取一电锅内锅，放入猪五花肉片、笋丝、葱段和所有调料，放入电锅中，外锅加入3杯水，按下电锅开关，至开关跳起即可。

咖喱牛腱

📋 **材料**
牛腱300克，土豆200克，洋葱80克，水200毫升

📋 **调料**
咖喱块1/2盒

📋 **做法**
1. 将土豆及洋葱去皮洗净后，切块；牛腱切小块，放入沸水中汆烫约1分钟后洗净，与土豆块及洋葱块放入电锅内锅中。
2. 内锅中再加入咖喱块及水。
3. 电锅外锅加入1杯水，放入内锅，盖上锅盖，按下电锅开关，待开关跳起，焖约20分钟。
4. 外锅再加入1杯水，按下电锅开关，再蒸一次，开关跳起后，再焖约20分钟，取出拌匀即可。

香炖牛肋

📋 **材料**

牛肋条1000克，洋葱30克，姜丝10克，花椒粒、白胡椒粒各少许，月桂叶数片

🧂 **调料**

盐1小匙，鸡精1小匙，料酒2大匙

🍳 **做法**

① 将牛肋条切成6厘米左右的段状，汆烫3分钟后，捞出过冷水，冲去血污，备用。

② 将洋葱切片，与姜丝放入内锅中，加入花椒粒、白胡椒粒与月桂叶，再将牛肋条放在上层，加入15杯水后，放入电锅中，外锅加2杯水，按下开关，炖至开关跳起，加入所有调料，再焖15~20分钟即可。

莲子炖牛肋

📋 **材料**

牛肋条700克，莲子200克，水1200毫升，姜片30克

🧂 **调料**

料酒50毫升，盐1茶匙，白糖1/2茶匙

🍳 **做法**

① 牛肋条放入沸水中，汆烫去除血水；莲子泡水至软，备用。

② 将所有材料、料酒放入电锅内锅中，外锅加1杯水，盖上锅盖，按下开关，待开关跳起，再焖20分钟，加入其余调料拌匀即可。

PART 5

经典卤汁菜

　　充分利用完美增味提鲜的卤肉卤汁，使之运用于炒、拌、烧、炖、卤、蒸各式烹饪中，烧出的菜肴除了鲜美之外，还增添了一股卤肉香味。

卤汁入菜的限制

卤汁入菜，可提鲜增味，虽然简单方便，但是有一些限制，否则会影响菜肴的口味。

限制 1: 牛肉、羊肉卤汁不适合

通常卤汁都是利用猪肉卤制而成，如果要加入牛肉或羊肉这类味道较重的肉类，可能会与菜肴不对味。而鸡肉与鱼肉的味道与卤汁不冲突，可以放心使用。

限制 2: 绿色叶菜不要用卤汁

因为绿色叶菜通常容易软烂，如果再放入卤汁中炖卤，可能会造成叶菜变黑，叶绿素也会渗出，让整道菜变得黑黑的，口感与卖相都会大打折扣。

限制 3: 调味要斟酌

卤汁已经调过味道，因此在入菜之后，再添加其他调料时，要注意分量，以免味道过咸、过重，影响整道菜的风味。因为卤汁已经含有肉汁的精华，味道非常鲜美，可以不用高汤或是味精之类的调料。

限制 4: 分次使用

如果食材需要大量卤汁炖煮，最好取出需要的卤汁分量使用；若将食材直接丢入卤汁中炖煮，那食材的味道就会影响卤汁，剩下的卤汁可利用的范围就变小了。

卤汁去油腻小诀窍

为了让卤汁油亮爽口，常会使用含脂肪量多的肉，虽然提升了口感，但有时候不免觉得过分油腻，用汤匙怎么捞油都捞不完。这里提供一个小诀窍，可以让您去除漂浮在卤汁上的油。可以先将卤汁放入冰箱冷藏至表面的脂肪凝固，这时候再用汤匙慢慢刮除，效果会比较好。

肉臊烫青菜

 材料
上海青200克

调料
五香肉臊（见85页）3大匙

做法
❶ 将五香肉臊加热。
❷ 上海青洗净，放入沸水中汆烫约10秒钟，捞出，沥干水盛盘，再淋上五香肉臊即可。

美味应用　　上海青买回家若不立即烹煮，可用纸包起放入保鲜袋中，再放入冰箱冷藏室保存即可；若没有冰箱，敞开放置在阴凉处保存。

卤白菜

材料
大白菜300克，高汤200毫升

调料
贵妃牛肉臊（见89页）5大匙

做法
❶ 大白菜洗净、切大块，放入沸水中汆烫约30秒钟，捞起，沥干水。
❷ 将大白菜放入锅中，加入高汤及贵妃牛肉臊拌匀，以小火煮约3分钟，至汤汁略干即可。

美味应用　　建议卤白菜当天吃完，隔夜存放后食用不健康。腹泻的人或气虚畏寒的人要少吃大白菜。

鱼香茄子

材料
茄子250克，香菜叶少许，油约500毫升

调料
鱼香肉臊（见86页）4大匙

做法
❶ 茄子洗净，切成长约10厘米的段，每段均划上几刀。

❷ 锅中多倒入些油，烧热至约150℃，放入茄子段，以中小火炸约1分钟，捞起沥干油，盛入盘中，趁热淋上鱼香肉臊略拌，再撒上洗净的香菜叶即可。

肉臊焖苦瓜

材料
苦瓜200克，高汤150毫升

调料
豆酱肉臊（见88页）3大匙

做法
❶ 苦瓜洗净，剖开去籽后，切成骨牌形状，再放入沸水中略汆烫捞出。

❷ 将汆烫好的苦瓜放入锅中，加入豆酱肉臊及高汤，用小火炖煮约10分钟，至汤汁收干即可。

美味应用 苦瓜味苦，需在沸水中汆烫之后才能烹饪，否则其苦味会影响整道菜的风味。

肉末卤圆白菜

🍲 **材料**
圆白菜500克，猪肉馅100克，红葱油酥2大匙，
高汤200毫升

🍶 **调料**
盐、鸡精、糖各1/4小匙，酱油1大匙

📋 **做法**
1. 圆白菜切大块，汆烫约10秒钟后取出，沥干水分装碗；猪肉馅汆烫约10秒钟，取出沥干，撒至圆白菜上，备用。
2. 将所有调料与高汤拌匀后，与红葱油酥一同淋在圆白菜上，并移入电锅中。
3. 电锅外锅放入1杯水，按下开关，蒸至开关跳起即可。

烩冬瓜

🍲 **材料**
冬瓜220克

🍶 **调料**
香菇肉臊（见88页）3大匙

📋 **做法**
1. 将冬瓜洗净、去皮，在表面交叉切出深至一半的刀痕。
2. 将切好的冬瓜放入深盘中，淋上香菇肉臊，移入蒸笼，以中大火蒸约20分钟即可。

 美味应用　　想要做出一道美味冬瓜菜品，选购冬瓜尤其重要。挑选时可用指甲掐一下，皮较硬、肉质紧密者口感较好。

肉臊炖豆腐

材料
老豆腐1块（约250克），高汤50毫升，葱少许

调料
豆酱肉臊5大匙（见88页）

做法
1. 老豆腐洗净，放入沸水中略汆烫，捞出；葱洗净，切碎，备用。
2. 将豆腐放入锅中，加入豆酱肉臊及高汤，以小火煮约15分钟，至汤汁略收干盛出，撒上葱花即可。

辣肉臊烧豆腐

材料
盒装豆腐1盒，葱、蒜末各10克，油少许，高汤50毫升

调料
辣酱肉臊3大匙（见86页），水淀粉1小匙

做法
1. 将盒装豆腐取出，切小丁；葱洗净、切葱花，备用。
2. 锅中倒入少许油烧热，放入蒜末，以小火爆香。
3. 加入高汤，以小火煮开后，加入豆腐丁、辣酱肉臊，持续以小火煮30秒钟，再以水淀粉勾芡，盛入盘中，撒上葱花即可。

卤豆枝

材料
豆枝60克，姜末5克，干香菇20克，油1大匙，
水50毫升

调料
素肉丝臊卤汁150毫升（见112页），
糖、五香粉各少许，香油1大匙

做法
1. 干香菇泡软切丝；豆枝汆烫至软捞出，备用。
2. 热锅，倒入油，放入姜末爆香，再放入香
   菇丝炒香。
3. 加入豆枝、水、素肉丝臊卤汁与其他调料
   煮至沸腾，转小火，续卤约15分钟即可。

肉臊卤桂竹笋

材料
桂竹笋100克，高汤200毫升

调料
香葱鸡肉臊6大匙（见90页）

做法
1. 桂竹笋洗净、切小块，放入沸水中汆烫约1分
   钟，捞起沥干水。
2. 将桂竹笋放入锅中，加入高汤及香葱鸡肉
   臊，用小火炖煮约5分钟即可。

美味应用
桂竹笋口感较涩，烹饪前需入沸水
中汆烫，这样做出来的菜品才更美味。

卤汁蒸鱼

🐟 材料
鲜鱼片1片（约250克），姜片3片，
葱丝、姜丝、辣椒丝各适量

🧂 调料
盐、糖各少许，料酒、陈醋各少许，蚝油、香油各
1小匙，肉臊卤汁60毫升（见103页）

🍲 做法
① 鲜鱼片洗净沥干，用料酒腌约10分钟，备用。
② 在腌好的鱼片上抹上盐，加入姜片、肉臊卤
汁，盖上保鲜膜，放入蒸锅中，蒸15~20分
钟后取出。
③ 将蒸鱼的汤汁倒入锅中，加入蚝油、糖、
陈醋煮至沸腾，再加入香油拌匀，备用。
④ 挑出蒸鱼身上的姜片，放上葱丝、姜丝与
辣椒丝，再淋上上一步做好的汤汁即可。

炒海瓜子

🐟 材料
海瓜子500克，油2大匙，罗勒30克，
姜末、蒜末、红辣椒片各10克

🧂 调料
焢肉卤汁150毫升（见31页），料酒1小匙，
糖1/2小匙，蚝油、辣油各1/2小匙，
沙茶酱1/2大匙

🍲 做法
① 海瓜子洗净；罗勒挑嫩叶洗净，备用。
② 将洗净的海瓜子放入碗中，冲入沸水拌一下，
立刻捞起沥干，备用。
③ 热锅，倒入油，放入姜末、蒜末与红辣椒
片爆香，再放入海瓜子、所有调料一起翻
炒至海瓜子开口，再加入罗勒叶，以大火
翻炒均匀即可。

香葱煎饼

📋 材料

中筋面粉80克，圆白菜40克，葱30克，油2大匙，水100毫升

🍶 调料

盐1/6小匙，葱烧肉臊3大匙（见87页）

🍳 做法

❶ 圆白菜洗净、切小片；葱洗净、切细。

❷ 中筋面粉放入大碗中，加入盐后，一边加入水一边搅拌成面浆，再将圆白菜片、葱丝及葱烧肉臊加入拌匀。

❸ 锅中倒入油烧热，倒入面浆成圆饼状，以小火煎至两面焦黄即可。

鱼香烘蛋

📋 材料

鸡蛋3个，葱花20克，油适量

🍶 调料

鱼香肉臊3大匙（见86页）

🍳 做法

❶ 将鸡蛋打入碗中搅散，加入葱花拌匀备用。

❷ 锅中倒入油，热至约150℃，倒入鸡蛋液，以小火煎约3分钟，翻面再煎约3分钟，沥干盛盘，趁热淋上鱼香肉臊即可。

> **美味应用** 鸡蛋在烹饪前需搅散均匀，这样做出来的烘蛋营养分布才会均匀。食用时，也可搭配生菜食用，味道极佳。

瓜仔肉臊蒸蛋

材料
鸡蛋4个，葱10克，鸡高汤600毫升

调料
瓜仔肉臊4大匙（见106页）

做法
① 将鸡蛋打入碗中搅散，再加入鸡高汤拌匀，然后倒入浅盘中。
② 将瓜仔肉臊加入蛋液中略微搅匀，移入蒸笼，以小火蒸约15分钟至熟后取出。
③ 葱洗净，切葱花，撒在蒸蛋上即可。

卤汁蒸蛋

材料
鸡蛋2个，蟹肉棒2支，水100毫升，香菜少许

调料
焢肉卤汁150毫升（见31页），水淀粉少许，盐、鸡精、白胡椒粉各少许，料酒1/2小匙

做法
① 鸡蛋打匀成蛋液，加入所有调料拌匀，再用滤网过筛后备用。
② 蟹肉棒切半后，剥成丝状备用。
③ 将鸡蛋液倒入碗中，加入蟹肉丝，盖上保鲜膜，放入蒸锅中，蒸10~15分钟取出，放上香菜即可。

素米糕

材料
长糯米100克，水适量

调料
香菇素肉丝臊3大匙（见111页），酱油2小匙，香油1小匙

做法
1. 将长糯米洗净，放入碗中，加入400毫升冷水，浸泡约2小时后，将水倒出，移入蒸笼，以大火蒸约40分钟后取出。
2. 将酱油、香油淋在蒸好的糯米上，充分拌匀。
3. 最后盛入小碗中，趁热淋上香菇素肉丝臊即可。

萝卜干肉臊炒饭

材料
米饭1碗，鸡蛋1个，葱10克，油1大匙

调料
萝卜干肉臊3大匙（见90页）

做法
1. 鸡蛋打入碗中搅散；葱洗净，切成葱花。
2. 锅中倒入油烧热，加入鸡蛋液炒散，续加入米饭、葱花及萝卜干肉臊，以中火快速翻炒约1分钟即可。

美味应用 萝卜干是百搭食材，既下饭又美味，还可以炒吃、清炖、油焖。

红糟肉燥饭

材料

猪肉馅500克，红糟50克，色拉油3大匙，
蒜末、姜末各10克，高汤700毫升

调料

盐少许，冰糖、黄酒各1大匙，酱油1小匙

做法

❶ 热锅，加入色拉油，放入蒜末、姜末爆香，再
加入猪肉馅，炒至颜色变白且出油，续放入红
糟炒香。

❷ 向锅中加入调料翻炒至入味，再加入高汤烧
开，转小火继续炖煮约30分钟，待香味溢出
即可。

辣味担担面

材料

阳春面70克，绿豆芽20克，韭菜15克，
高汤200毫升

调料

辣酱肉燥2大匙（见86页）

做法

❶ 绿豆芽洗净；韭菜洗净、切小段；高汤烧开，
盛入面碗中，备用。

❷ 阳春面放入沸水中，以小火煮约1分钟捞起、
沥干，盛入面碗中。

❸ 沸水继续烧开，放入绿豆芽、韭菜段略烫，
捞起沥干，放于做好的面上，趁热淋上辣酱
肉燥即可。

葱烧炒面

🍜 材料
油面300克，圆白菜100克，胡萝卜20克，
水150毫升，油少许

🥄 调料
葱烧肉臊4大匙（见87页），
酱油1大匙，白胡椒粉1/4小匙

🍲 做法
1. 胡萝卜去皮，与圆白菜一起洗净、切丝。
2. 锅中倒入少许油烧热，放入圆白菜、胡萝卜及葱烧肉臊略炒香，再加入所有调料炒匀。
3. 将油面加入锅中，以中火炒约3分钟，至水分收干即可。

臊子干拌面

🍜 材料
阳春面70克，小白菜25克

🥄 调料
贵妃牛肉臊3大匙（见89页）

🍲 做法
1. 小白菜洗净、切小段。
2. 将阳春面放入沸水中，以小火煮约1分钟，捞起沥干水，盛入碗中。
3. 沸水继续烧开，放入小白菜略烫，捞起沥干水分后，放于做好的面上，最后趁热淋上贵妃牛肉臊即可。

鸡肉臊拌米粉

材料
米粉80克，绿豆芽20克，韭菜15克

调料
香葱鸡肉臊2大匙（见90页）

做法
❶ 绿豆芽洗净；韭菜洗净、切小段。

❷ 将米粉放入冷水中泡约10分钟，捞起沥干，再放入沸水中，以小火煮约20秒钟，捞起沥干，盛入碗中。

❸ 沸水继续烧开，放入绿豆芽、韭菜段略烫，捞起沥干后，放于做好的米粉上，趁热淋上香葱鸡肉臊即可。

肉臊米苔目

材料
米苔目200克，韭菜50克，绿豆芽30克，水30毫升，油约1大匙

调料
香菇肉臊4大匙（见88页）

做法
❶ 韭菜洗净、切小段；绿豆芽洗净。

❷ 锅中倒入油烧热，放入米苔目，以大火略炒香后，加入香菇肉臊、韭菜段及适量水，转中火炒至水分略干。

美味应用　米苔目、韭菜、绿豆芽均是很容易熟的食材，因此炒的时间不可过长，可以品尝来判断是否炒熟。

肉臊意大利面

材料
意大利面100克，红甜椒、黄甜椒各20克，
洋葱30克，水50毫升，油1大匙

调料
茄汁肉臊5大匙（见87页），盐1小匙

做法
❶ 将意大利面与盐放入约1200毫升沸水中，
  以小火煮约10分钟，捞起沥干备用。
❷ 红甜椒、黄甜椒洗净、去蒂、切丝；洋葱
  去皮、洗净、切丝，备用。
❸ 锅中倒入油烧热，放入红甜椒丝、黄甜椒
  丝、洋葱丝，以小火炒香，再加入茄汁肉
  臊、适量水及意大利面，以中火炒至汤汁收
  干，加盐调味即可。

素肉丝臊河粉

材料
河粉150克

调料
香菇素肉丝臊3大匙（见111页）

做法
❶ 将河粉洗净，切成宽条状，放入沸水中汆烫
  约5秒钟，捞出沥干，盛入盘中备用。
❷ 将香菇素肉丝臊烧热，均匀淋在做好的河粉
  上即可。

美味应用　　河粉容易熟烂，所以在沸水中汆烫
的时间不能太长，只要汆烫至七分熟即
可，因为最后淋上的香菇素肉丝臊亦能
将河粉继续闷熟。